"十三五"高等院校数字艺术精品课程规划教材

互联网视觉设计

王旭玮 编著

全彩慕课版

人民邮电出版社

北　京

图书在版编目（CIP）数据

互联网视觉设计：全彩慕课版 / 王旭玮编著. --
北京：人民邮电出版社，2021.9
"十三五"高等院校数字艺术精品课程规划教材
ISBN 978-7-115-54840-5

Ⅰ. ①互… Ⅱ. ①王… Ⅲ. ①互联网络－视觉设计－
高等学校－教材 Ⅳ. ①TP393.4②J062

中国版本图书馆CIP数据核字(2020)第169957号

内 容 提 要

随着时代的发展，互联网视觉设计技术和设计趋势在不断发生变化。本书从互联网的角度出发，以设计理论和项目实践相结合的方式，介绍了互联网视觉设计的相关知识与操作技能。本书共包括10章，主要内容包括初识互联网视觉设计、互联网视觉设计的基本原则、互联网视觉设计的基本要素、电商视觉设计、微信公众号视觉设计、H5视觉设计、网站页面视觉设计、活动广告页面视觉设计、短视频视觉设计、综合案例—家居类品牌视觉设计。在学习过程中，读者可通过每章的项目，训练设计思维和实际操作能力，进而理解和掌握互联网视觉设计中的关键知识。

本书适合作为高等院校、职业院校视觉设计类课程的教材，也可作为从事互联网视觉设计相关工作的从业人员的参考书。

◆ 编　著　王旭玮
责任编辑　桑　珊
责任印制　彭志环

◆ 人民邮电出版社出版发行　　北京市丰台区成寿寺路 11 号
邮编　100164　　电子邮件　315@ptpress.com.cn
网址　https://www.ptpress.com.cn
涿州市般润文化传播有限公司印刷

◆ 开本：787×1092　1/16
印张：13.75　　　　　　　2021 年 9 月第 1 版
字数：313 千字　　　　　　2024 年 12 月河北第 5 次印刷

定价：69.80 元

读者服务热线：(010)81055256　印装质量热线：(010)81055316
反盗版热线：(010)81055315
广告经营许可证：京东市监广登字 20170147 号

沙发系列

现代简约、小户型沙发
立即购买

北欧风格、4人小沙发
立即购买

多功能、纯实木布艺沙发
立即购买

▌前言

　　本书全面贯彻党的二十大精神，以社会主义核心价值观为引领，传承中华优秀传统文化，坚定文化自信，使内容更好体现时代性、把握规律性、富于创造性。

　　近年来，互联网信息技术、数字技术的不断发展使得互联网展示平台不断增多，消费者每天都可以接触到不同的互联网展示平台，因此，互联网的视觉设计不仅是大势所趋，而且将覆盖更多的领域。设计人员需要紧跟消费者需求，提供多种平台的互联网视觉设计，以满足企业在各大媒体平台进行品牌宣传和活动推广的需求。

　　本书定位于设计专业中需要学习和掌握互联网视觉设计的人员，讲述内容新颖，深度适当，内容全面，在形式上完全按照现代教学需要编写，较为适合实际教学，并在内容上加入了多个互联网平台的视觉设计相关知识。本书理论和实践比例恰当，两者之间相互呼应、相辅相成，为教学和实践提供了方便，特别适合高等教育注重实际动手能力的培养目标，具有很好的实用性。

　　同时，为了帮助读者快速了解互联网视觉设计并掌握设计方法，编者在进行理论阐述的同时，结合了典型案例进行分析。这些案例具有很强的参考性和指导性，可以帮助读者更好地梳理视觉设计知识并掌握设计方法。

本书第1～3章主要从初识互联网视觉设计、互联网视觉设计的基本原则、互联网视觉设计的基本要素等方面进行讲解；第4～9章主要从电商视觉设计、微信公众号视觉设计、H5视觉设计、网站页面视觉设计、活动广告页面视觉设计、短视频视觉设计等方面讲解不同互联网展示平台的视觉设计。第10章主要是运用前面所学知识，选取了一个综合案例进行视觉设计方法的讲解。读者在学习过程中要循序渐进，注重理论与实践相结合，以便更好地掌握本书的内容。

从体例结构上来看，本书前9章都提供了实训项目版块，每个项目中都给出了明确的项目要求、项目目的、项目分析、项目思路等内容，有具体操作的章节，还有具体操作内容，由浅入深，有助于教学工作的开展和读者对知识点的学习；同时辅以思考与练习，帮助读者提升对知识的实操掌握程度。本书在需要重点讲解的内容处配有二维码，这些二维码是对知识的说明、补充和拓展等，读者使用手机扫码即可查看并学习。

全书慕课视频，登录人邮学院网站（www.rymooc.com）或扫描封底的二维码，使用手机号码完成注册，在首页右上角单击"学习卡"选项，输入封底刮刮卡中的激活码，即可在线观看视频。也可以使用手机扫描书中二维码观看视频。

另外，本书超值赠送了丰富的配套资源和教学资源，需要的读者可以访问人邮教育社区网站（www.ryjiaoyu.com），通过搜索本书书名进行下载。具体资源如下。

（1）素材和效果文件：提供了本书正文讲解、项目实训及思考与练习中所有案例设计的相关素材和效果文件。

（2）PPT等教学资源：提供与教材内容相对应的精美PPT、教学教案、教学大纲、练习题库等配套资源，以方便和辅助老师更好地开展教学活动。

本书由王旭玮编著。感谢成都金字文化传播有限公司为本书提供了丰富的实战案例，感谢上海视觉艺术学院叶苹教授在本书编写过程中提出了很多宝贵意见和建议。在编写过程中，由于编者水平有限，书中难免存在不足之处，欢迎广大读者、专家批评指正。

编者

2023年5月

▌目录

第3章 互联网视觉设计的基本要素 / 28

第4章 电商视觉设计 / 44

第5章 微信公众号视觉设计 / 72

芒果芝士奶茶
果香浓郁，口感丝滑
仅售15.8元

第6章 H5视觉设计 / 93

NEW IN
秋冬上新季
"包"治百病

第7章 网站页面视觉设计 / 118

 第8章 活动广告页面视觉设计 / 142

第9章 短视频视觉设计 / 161

第10章 综合案例——家居类品牌视觉设计 / 181

Chapter 1

第1章
初识互联网视觉设计

1.1 互联网视觉设计概述
1.2 互联网视觉设计前的准备工作
1.3 互联网视觉设计思维
1.4 学好互联网视觉设计应具备的能力

学习引导			
	知识目标	能力目标	情感目标
学习目标	1. 学习互联网视觉设计的概念和思维 2. 了解视觉设计在互联网中的体现 3. 了解学好互联网视觉设计应具备的能力	1. 掌握互联网视觉设计前的准备工作 2. 掌握互联网设计应具备的能力 3. 能够运用设计思维布局页面	1. 培养自主学习能力 2. 培养良好的视觉设计习惯 3. 培养科学的视觉设计思维
实训项目	1. 运用互联网设计思维分析活动页面 2. 规划海报页面布局		

随着互联网的快速发展，一些简单的页面设计已经很难再引起消费者的兴趣，消费者对页面品质的追求使视觉设计得到进一步发展，走向互联网时代。而互联网视觉设计这种更美观、更有层次的设计形式，也更能够迎合消费者的审美，带给消费者更好的视觉体验。本单元将对互联网视觉设计的相关知识进行详细介绍。

慕课视频

互联网视觉设计概述

1.1 互联网视觉设计概述

互联网的快速发展使视觉设计也逐渐融入了互联网，成为一种借助视觉辅助手段传达品牌理念或营销商品的策略。简单来说，互联网视觉设计是借助互联网平台进行视觉传达的一种设计方式。

1.1.1 什么是互联网视觉设计

视觉设计是针对人眼观看模式（即通过视网膜接收信息，再将信息传递到大脑进行信息读取的过程）所呈现的一种主观形式的表现手段和结果。互联网视觉设计是一种更注重消费者内容感知的设计形式。设计人员通过对信息的分析整理、归纳总结，并结合互联网将其以多元、动态等可视化信息的形式表现出来，且产生影响消费者行为的过程就是互联网视觉设计的具体过程。

1.1.2 视觉设计在互联网中的体现

视觉设计存在于互联网的各个方面，它在互联网中主要体现多元性、创新性、交互性等特点，下面进行详细介绍。

2

1. 多元性

互联网的发展为视觉设计提供了多元化的展示形式，如电商视觉设计、H5视觉设计等，与传统的视觉设计相比，互联网视觉设计的范围更加广泛和多元，其视觉形式融合了文字、图像、声音、视频等多种元素，呈现出多元化的视觉展示效果。

2. 创新性

互联网视觉设计以互联网为基础，扩展了设计创作思维与视觉表现手段的方式，形成了视觉上的创新，为新时代的视觉设计注入了新的生机，开启了新的创作空间。从设计思维上来看，因为互联网有开放、便捷等特点，人与人之间的沟通和互动更加灵活、全面，设计人员的设计思维会更具开放性和想象力；从视觉表现方式上来看，互联网的创新、智能化等特点，促使互联网视觉设计既具备传统视觉设计的静态，又具备创新性的动态，为设计行业带来了全新的信息传播方式和视觉表现形式，给消费者的感官带来了全新的体验。

3. 交互性

随着互联网的发展，虚拟现实（VR）/增强现实（AR）等实时交互技术将会被大量运用到设计中，设计人员可以在视觉设计中充分融入交互技术，以现代互联网技术实现互动体验，使设计不再是以单一方式传达，而是充分运用互联网技术进行展示设计，让消费者在观看视觉画面时可以更容易地接收到设计人员所传递的信息。除此之外，互联网的传播特点也会让消费者主动传播信息，形成信息的传播互动。

1.1.3 互联网视觉设计未来的发展趋势

互联网背景下的视觉设计应该打破传统的设计理念，结合互联网传播速度快、形式多元化、创新能力强等优势，让视觉设计变得更加丰富多彩。对于设计人员而言，其设计形式也会从单一的平面化、静态化的视觉表现形式向综合化、动态化发展，在设计上也会更多地考虑消费者的体验与需求。同时，互联网技术的不断发展也会不断为视觉设计提供更多的应用软件、设计工具和传播途径。

1.2 互联网视觉设计前的准备工作

慕课视频

互联网视觉设计前的准备工作

设计人员只有在开展设计工作前做好相应的准备工作，了解目标消费者的心理，才能进行有针对性的、主次分明的设计，保证设计作品在互联网的商业竞争中发挥最大的功效。下面对互联网视觉设计的准备工作进行介绍，主要包括了解目标消费者的心理、分析品牌与收集素材、明确视觉定位、布局视觉页面等内容。

1.2.1 了解目标消费者的心理

互联网视觉设计的作用主体是消费者。因此，设计人员在进行视觉设计前有必要了解消费者的认知心理和需求心理，以更好地进行互联网视觉设计的信息呈现，提升消费者对所传达信息的感知力和自身的浏览体验。

1. 消费者的认知心理

认知是指通过形成概念、知觉、判断或想象等心理活动来获取知识的过程，即个体思维进行信息处理的心理能力，这是人最基本的心理过程。从消费者层面讲，最值得被设计人员关注的认知就是品牌认知，当消费者在购买某一类型的商品时，会优先联想到具有良好口碑和使用体验的品牌商品。以小家电品牌为例，当消费者需要购买一台豆浆机时，往往会从九阳、美的等品牌中进行选购。因此，设计人员在进行互联网视觉设计时，要尤其注意建立消费者对品牌的认知。设计人员首先需要将信息以综合化的形式，即文字、图像、形状、人物、背景等互相结合的方式进行综合展示，方便消费者理解信息；其次再将自身的品牌关联到画面中，如展示品牌标识、品牌代言人、品牌口号等具有标识性的内容，以加强消费者对品牌的印象，通过品牌元素来建立消费者的认知心理，形成完善的品牌形象。

图1-1所示的商品海报综合运用了文字、矩形图案、商品图片等设计元素来装饰画面，内容丰富且结构合理，方便消费者识别商品，并以游戏人物来进行创意设计，体现了商品的卖点。而其他文字中包含的"OPPO"等与商品品牌等信息相关联，可以让消费者基于品牌印象了解商品信息。

图1-1　商品海报

2. 消费者的需求心理

马斯洛需求层次理论将人类需求分成生理需求、安全需求、社交需求、尊重需求和自我实现5类，由较低层次到较高层次依次向上排列。下面主要根据5个需求层次，来划分出消费者对商品的5种需求，其对应关系如图1-2所示。

由图1-2可知，消费者的需求是多方面、多层次的，但单个商品由于功能或条件的限制可能不能满足消费者的所有需求，此时，设计人员就要在设计的过程中，根据消费人群的不同需求，通过视觉设计手段来针对自己的商品进行有重点

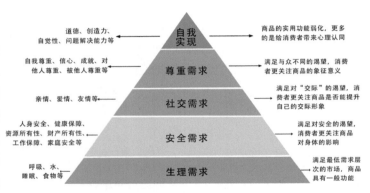

图1-2　消费者心理需求

地呈现，这样才能让目标消费人群产生共鸣。

图1-3所示为一款加湿器的视觉设计效果。设计人员通过对消费者心理需求的分析，结合商品自身卖点，有的放矢地设计出有逻辑的视觉画面。

图1-3　加湿器商品通过视觉设计手段来满足消费者的心理需求

该商品页面对消费者心理需求的满足如下。

（1）商品的基本功能。先通过商品图片和文字展示出了商品"落地|台面 一机两用"的卖点，以及商品品牌与型号，再通过直观的图形和文字搭配来展示商品的减震硅胶、挡雾设计、双重净化、抑菌水箱等基本功能，让消费者看到页面中的内容时就能快速明白商品的基本功能，满足消费者对加湿器商品功能的基本需求。

（2）商品安全的展示。先用文案"没有EMC可能发生什么？"来引起消费者的兴趣，引导消费者继续向下看，然后搭配图片和文字，展示没有EMC可能出现的各种不利情形，最后通过展示加湿器的EMC国际检测合格证书，让消费者更直观地看到商品的安全性能符合要求，能够保障购买者的使用安全。

（3）商品对社交和尊重需求的实现。将商品可以滋润全家人的卖点以图片的形式进行展示，非常直观，更容易让消费者产生共鸣；同时，也能够在一定程度上营造温馨的家庭氛围，满足消费者的精神需求，使其产生美好、愉悦等感受。

（4）商品品牌形象与消费者自我实现需求相吻合。商品品牌所代表的初心、梦想、自我等含义与目标消费者对自我的追求相吻合。

1.2.2 分析品牌并收集素材

品牌是企业信誉、品质、技术、服务等诸多方面的综合体现，成功的品牌战略意味着商品的竞争优势和强大的市场占有率，而利用好素材可以更好地体现品牌效果。下面对分析品牌、收集素材的方法进行详细介绍。

1. 分析品牌

"品牌"是具有经济价值的无形资产，是用抽象化、特有、易识别的心智概念来表现其差异性，从而在人们的意识中占据一定位置。设计人员在分析品牌时一般要从品牌的诉求出发，即品牌精神和特点的凝练表达。好的诉求不仅会满足目标消费人群的消费需求，还能让消费者对一个品牌产生深刻印象，形成良好传播，并增加品牌在行业与消费者心中的影响力。

图1-4所示为"良品铺子"的海报设计。该品牌的诉求主要为"美味、精致、品种齐全"，因此设计人员在进行视觉设计时以网店页面的"高品质、高颜值、高体验"等特点为基础，在页面设计中不但展现了精致的视觉设计，也将商品的美味及高品质进行了视觉呈现，满足了消费者对零食品种齐全和美味的需求，同时也让消费者对该品牌产生了印象，有利于品牌的传播。

2. 收集素材

品牌分析完成后，设计人员就可以开始有针对性地收集素材，获取设计需要的视觉元素。这些素材主要包括商品、文案、人物、空间背景、装饰元素等，其来源途径主要有以下几种。

图1-4　满足消费者心理需求的海报设计

● 运营商或品牌方。设计人员可以从运营商或品牌方那里获得设计需要的最基础的素材，即商品经理提供的设计需求文档。其中包括对设计的要求、需要达到的效果，以及涉及的文案、商品图片等资料，设计人员可以提取需要的资料进行画面内容的设计。

● 素材网站收集。网络上有很多提供视觉设计素材的网站，如图片网站、字体网站等，在这些网站中可以按照领域或类别进行素材的收集，如平面、电商、装饰、网页、插画、影视等。

● 素材制作。在设计的过程中，为了制作出更贴合需求、视觉效果更突出的作品，设计人员还要根据实际情况自行完成一些素材的制作，如图标、创意字体等。

通过这些途径，设计人员可以累积越来越多的素材，不断丰富自己的设计素材库，最后形成比较成熟的设计风格，提高自己的设计能力与效率。当然，在设计不同运营商或品牌方的视觉作品时，还要结合运营商或品牌方的要求和目标消费人群的需求来综合设计，切忌以自己的风格为主导，忽略品牌方与消费者的需求。

1.2.3 明确视觉定位

互联网视觉设计最终是为商品销售和品牌推广服务的，因此设计人员在了解消费者心理和分析品牌后可梳理整体思路，定位视觉设计的方向。视觉定位可根据运营商和品牌方的视觉需求来确定，然后设计人员根据视觉需求来进行设计风格与内容的调整。其视觉需求主要分为两种，下面进行详细介绍。

● 以营销为目的的视觉需求。互联网视觉设计的一大目的是营销，其设计需求主要是营造营销氛围，帮助运营商或品牌方进行商品销售。因此对于这一类的视觉设计，建议通过对比强烈的色彩来制造视觉焦点，在视觉焦点处放置关键性的促销信息，再辅以商品图片或其他素材点缀画面，使画面视觉平衡。

● 以品牌宣传为主的视觉需求。对于有一定知名度的品牌来说，品牌就是其最大的竞争优势，因此设计人员在设计时要突出品牌优势，重点展示品牌标识、品牌口号等表现品牌形象的元素。同时，为了维护消费者对品牌形象的认知，设计人员应注意尽量避免使用强烈的颜色来凸显促销信息，并要注意弱化消费者对价格的敏感度，主要展示商品品质、加工工艺、质量标准等方面的内容。

明确视觉定位后，设计人员就可以进行视觉框架页面的梳理，明确画面中每个模块的展示功能，分清视觉展示的主次，然后与运营商或品牌方沟通并阐述自己的想法，抓住关键点清晰说明自己的设计思路，最后整合对方的意见进行最终的视觉设计方向定位。

1.2.4 布局视觉页面

视觉页面布局是指对视觉设计画面的整体框架进行构建，规划页面中每部分内容的呈现方式，使页面整体的信息呈现层次清晰、表达明确，更好地引导消费者浏览信息。

在进行视觉布局时，设计人员首先要明确画面中的主体部分，即画面中占据面积较大的、比较显眼的内容，让消费者能够识别出页面要传达的主要信息，并同时与次要部分产生对比，凸显主体部分的重要程度。在此基础上，对页面中的所有内容进行规划，形成有秩序、有条理、有逻辑的整体页面风格，保证页面整体的整洁、有序和易读性。切忌为了展示内容而堆砌设计元素，使页面内容太多、太杂，尤其是进行活动页面的布局时更需要注重整体布局，让整个活动流程的信息展示更加流畅、自然。

例如，在进行促销活动页面布局时，就要考虑以热销款商品为主体来吸引消费者的眼球，其次，再以促销力度和优惠信息来激发消费者的购买欲。以"华为粉丝日"促销活动为例，其海报页面按照左、右对称布局法进行视觉规划，让整张画面显得更加平衡，使视觉焦点自动从促销商品转移到活动信息上，如图1-5所示。

①促销商品　②活动信息

该海报采取左图右文的页面布局方式。其以左侧两款不同颜色的手机作为视觉重心，形成较为强烈的色彩冲突，快速捕捉消费者的视线；再在右侧搭配文字，使这张海报的内容较为充实，并能很好地平衡画面。

图1-5　左图右文布局方式所呈现的效果

慕课视频

互联网视觉设计思维

 1.3 互联网视觉设计思维

互联网视觉设计思维主要包括设计思维、运营思维和营销思维3部分。其中，设计思维是为运营思维和营销思维服务的，只有充分理解三者之间的关系，才能明确视觉设计的最终目的，设计出既美观，又能打动消费者内心的作品，达到营销的目的。

1.3.1 设计思维

设计思维是在基本视觉设计技能的基础上，要求设计人员充分理解市场环境和目标消费人群定位，选择一个切入点来进行视觉设计的概念设想，然后围绕这个设想，通过思维导图、设计图或物理原型等方式，将抽象的思维想法具象化，以设计出更容易让消费者理解，且更能打动消费者的视觉场景画面；否则，就会出现视觉产出与诉求不匹配的情况，导致信息传递产生断层，让消费者理解错误。因此，可以简单地将设计思维理解为通过对消费者需求、商品诉求等方面的理解与研究，寻求最佳的设计方案，创造出最具视觉冲击力的设计作品。

1.3.2 运营思维

设计大都是站在美学的角度上，而运营则是从商业销售的角度来进行整体的运作，其目的一般是为了拉新、促活或留存。在互联网行业中，设计不能脱离运营而单独存在，只有在充分理解运营目标的基础上，才能更好地进行品牌调性定位、商品定位、商品卖点提炼与展现。

因此，设计人员也需要具有运营思维，从运营的角度看待互联网视觉设计，充分理解视觉设计的目的是为了营销，美观的视觉不等于或不完全等于良好的营销效果。换言之，优秀的视觉设计作品不仅要有美的形式，还应更加注重作品本身所体现的营销价值，即传达信息并促成销售。

尺有所短，寸有所长，设计人员还要关注行业优秀品牌、竞品品牌的视觉设计理念，学习并吸收其优秀的设计理念，坚持学思用贯通、知信行合一，努力提升自身能力。

1.3.3　营销思维

对于互联网视觉设计而言，美观并不是其中最重要的一点，它只是起到快速吸引消费者注意的作用，真正促使消费者产生进一步行为的则是设计作品所体现的营销思维。所谓营销思维，是指在深入挖掘并满足消费者需求的基础上，从商品本身出发，将商品卖点技巧地呈现给消费者，直击消费者的痛点，打消消费者的顾虑，从而提升消费者的购买欲望。由此可以看出，商品营销思维的核心是消费者体验，视觉设计的作品能够满足消费者的需求或解决消费者的问题才是视觉设计成功的关键因素。

营销思维能够帮助视觉设计人员基于正确的目标消费群体展开设计，以更高效的方式呈现商业活动利益点，而不是单纯地从美观角度思考界面布局或视觉表现。因此，视觉设计人员只有具备了商品思维，才能更好地站在消费者的角度思考商品呈现的方式，设计出既有美感，又能打动消费者的作品，提升视觉设计的有效性。

1.4　学好互联网视觉设计应具备的能力

学好互联网视觉设计不仅需要具有强大的创造能力和审美能力，还需要掌握专业的软件操作技能，包括简单的代码操作技能，除此之外还要具有良好的文字功底，能够写出打动人心的营销文案，并将营销文案合理地运用到视觉设计中。

慕课视频

学好互联网视觉设计应具备的能力

1.4.1　创造能力

创造力是根据一定的目的和任务，开展能动的思维活动，产生新的认识，并创造新事物的能力。对于设计人员来说，创造力是非常重要的一种能力，需要设计人员了解最新的行业发展状况，认真观察生活中的细节和亮点，从设计的角度去观察和思考。将创造力融入视觉设计可以更好地帮助设计人员进行作品的视觉呈现。

1.4.2　审美能力

审美能力即审美鉴赏能力，它可以体现设计人员对美的理解与追求，并用视觉效果来说服目标消费者，因此要想学好互联网视觉设计，设计人员还要培养良好的审美能力，提高审美意识，做到能够准确表达目标消费者想要的美感，从而形成独特的审美风格。而对一个初级设计人员而言，则要多收集、学习、借鉴优秀的设计作品，倾听和挖掘目标消费者的需求。

1.4.3 软件操作能力

提高软件操作能力可以帮助设计人员更好地进行作品的视觉呈现。用于互联网视觉设计的软件工具有很多，有非常专业的设计与制作软件，如Photoshop、Illustrator、After Effect、Fash、iH5等，对于这些软件的使用，难度较大，并需要懂得一定的代码操作基础知识；也有操作较为方便、简单的图片设计工具，如懒设计、创客贴等，这些软件主要针对软件操作基础相对薄弱的设计人员。另外，在进行视频的视觉设计时，设计人员可以选择爱剪辑、小影、快剪辑等操作简单的视频剪辑软件，在微信公众号中进行视觉设计时还需要使用一些正文的编辑和排版工具。

1.4.4 营销文案写作能力

目前主要的互联网营销都需要用营销文案来进行推广，从而达到品牌传播和商品营销的目的，因此，设计人员在进行互联网视觉设计时还需要掌握营销文案的写作能力，在基于对消费者和营销商品了解的基础上，精准地挖掘消费者的需求和痛点，然后通过文案刺激他们的购买行为。

 项目一 ▶ 运用互联网设计思维分析海报页面

慕课视频

运用互联网设计
思维分析海报页面

⊛ **项目要求**

本例将以"jELLYCAT"品牌的"天猫 3.8节"海报设计为例进行分析，要求在基于对目标消费者深入了解的基础上，综合运用设计思维、运营思维和营销思维来分析该页面。

⊛ **项目目的**

通过对该实例的分析巩固消费者需求分析、互联网视觉设计思维等相关知识，并掌握设计思维分析的效果。

⊛ **项目分析**

视觉设计思维是进行视觉设计的前提，只有同时具有设计、运营和商品营销思维，并结合运营商或品牌方、目标消费群体的需求，才能有针对性地进行视觉设计，制作出具有视觉吸引力的设计。

"jELLYCAT"是1999年创立于英国伦敦的精品礼品品牌，主要以毛绒玩具的开发制造为主。该品牌的目标消费人群多为儿童与女性。首先，从页面颜色的选择来看，为了抓住目标消费人群，本例在设计时选择了淡粉色、淡蓝色、白色等一些比较活泼和明快的颜色，整体色调偏柔和，无论是儿童还是女性都更易于接受。其次，从互联网视觉设计思维来看，设计人员在设计海报时添加了优惠券的内容及"天猫 3.8节"活动优惠文案，体现出了互联网视觉设计的运营与营销思维，如图1-6所示。

图1-6　海报页面参考效果

⊛ 项目思路

本例通过"项目需求背景分析→消费者需求分析→设计思维→运营与营销思维"的项目思路来进行页面的分析，其具体思路如下。

（1）项目需求背景分析。"jELLYCAT"品牌非常注重商品的质量，以高品质和突出的设计而出名。该首页中采用的色彩主要为淡粉色、淡蓝色和白色，排版整洁、大方，体现出了商品质感，并且通过气球、爱心等装饰元素及毛绒商品的展现来体现商品可爱、创新的特征，最后通过页面整体效果所带给消费者可爱、清新的视觉感受来突出品牌理念，展示品牌形象。

（2）消费者需求分析。随着生活节奏的加快与生活水平的提高，消费者对生活品质的要求越来越高，特别是中层收入的消费者，他们愿意花费一定的时间和金钱来进行生活品质的提升，如白领、文艺青年等，且其中女性消费者的比例较高，因此该页面主要采用了粉色调的色彩搭配，这比较符合这一目标消费人群的审美需求。

（3）设计思维。设计人员在设计该页面时，先通过对"jELLYCAT"品牌风格的分析，设计出可爱风格的海报页面，再对消费者的需求进行分析，在传达品牌形象的同时，更清晰地向消费者展示了商品，满足了消费者的消费需求，最终完成了这一海报设计作品。

（4）运营与营销思维。运营与营销思维主要体现在海报的活动和优惠券的设计上，这部分内容主要是从商业销售的角度来进行设计的，其目的是通过提升消费者的购买欲望来促进商品的销售。

项目二 ▶ 规划网店活动页面布局

⊗ 项目要求

页面布局是进行视觉设计前的准备工作，只有明确划分页面各部分的内容，分清素材展示的主次，才能更好地引导消费者接收信息。本例主要是对网店的活动页面进行布局，要求页面按照信息的重要程度呈区块展示，一级级递进，并明确区分各部分的内容。

慕课视频

⊗ 项目目的

⊗ 项目分析

按照项目要求对网店的活动页面进行布局，可先在各区块内容的最上方添加一个品牌宣传活动区，既可用于展示网店各种形式的节庆促销、宣传推广、营销商品发布等活动，也可用于展示品牌形象，宣传品牌理念。在中间区块添加分类导航专区来分别展示不同类别的商品，下方添加热销专区，以推广商品，最后则分类展示不同类型的商品，图1-7所示为参考效果。

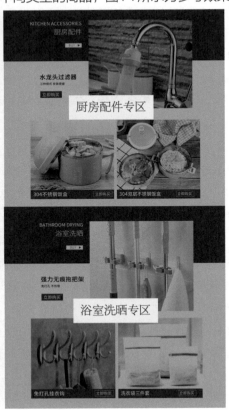

☉ 项目思路

本例中主要是规划网店活动页面布局，让设计人员的设计思路更加清晰，其项目思路主要分为主体信息区和热销商品区。

（1）划分主体信息区。主体信息区包括品牌宣传活动区和分类导航专区两个区域，将品牌宣传活动区作为网店活动页面的第一屏，主要放置宣传广告和热销商品，展示品牌形象，推广商品，同时在分类导航区添加商品分类区块。

（2）划分热销商品区。在下方按照网店商品的分类划分不同的区域，每一个区域放置对应的商品，以展示网店不同品类的商品。

？ 思考与练习

1. 探讨互联网视觉设计未来的发展趋势。

2. 分析以品牌宣传和营销为目的的视觉设计在网站中的体现形式。

3. 从互联网视觉设计思维的角度分析图1-8所示页面的布局与视觉营销方式。

图1-8　视觉设计思维分析

Chapter

2

第2章
互联网视觉设计的
基本原则

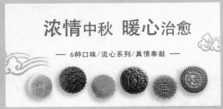

2.1 对比原则

2.2 重复原则

2.3 平衡原则

2.4 节奏与韵律原则

学习引导

	知识目标	能力目标	情感目标
学习目标	1. 了解对比原则的目的 2. 了解重复原则的运用 3. 了解对称平衡与非对称平衡 4. 了解节奏与韵律原则的运用	1. 掌握互联网视觉设计基本原则的应用方法 2. 能够运用互联网视觉设计的基本原则分析页面	1. 培养对美的感受能力 2. 提高自主思维能力 3. 培养丰富的创造性思维
实训项目	1. 分析网站中视觉设计的基本原则 2. 中秋节横幅广告视觉设计		

　　设计人员在进行页面的视觉设计时，一般都会采用对比、重复、平衡、节奏与韵律4种基本原则，这4种基本原则不是孤立存在的，而是相互依托、互相融合的，本单元将对互联网视觉设计的基本原则进行介绍。

2.1 对比原则

慕课视频

对比原则

　　对比原则是指为避免页面上的元素太相似，通过不同的设计使一些元素呈现出差别，如色彩对比、图文对比、方向对比、大小对比等。对比的目的有两个：一是突出视觉重点，促进消费者对信息的接收，增加页面的可读性；二是增强视觉效果，吸引消费者注意。

2.1.1 色彩对比

　　色彩对比在视觉设计中非常常见，主要可分为色彩的面积对比、色彩的冷暖对比、色彩的黑白对比3种，下面分别进行介绍。

1. 色彩的面积对比

　　色彩的面积对比是指页面中两个或两个以上色彩所占的面积大小之间的对比，在具体设计运用中比较常见。不同色彩属性在画面中所占面积的大小不同，其所呈现出来的对比效果也就不同，色彩面积越大，被看见的概率就会越大，对视觉的刺激效果也会更强。

　　以图2-1为例，该页面以大面积的暗灰色调为背景，再加上小面积暗红色的圆角矩形、明亮的白色"V"型与黄色文字，使整个页面的色彩面积对比更加强烈，从而起到了平衡页面的视觉效果、强调促销文字、突出视觉中心的作用。

图2-1　色彩的面积对比

2. 色彩的冷暖对比

　　色彩本身并无冷暖的温度差别，人们对色彩冷暖的感觉是色彩通过视觉带给人的心理联想造成的。不同的色彩会给人传递不同的感受，根据人们对于色彩的主观感受，可以将色彩分为暖色、冷色和中性色，从色调上看红、橙、黄为暖调，青、蓝、紫为冷调，其中绿色为中间色。

　　以图2-2为例，该海报将暖色调的红色与冷色调的蓝色作为画面中的主色调，两种色彩形成了比较鲜明的冷暖对比。

图2-2　色彩的冷暖对比

3. 色彩的黑白对比

　　黑白两色都属于无彩色，即除了彩色外的其他颜色。有彩色是指带有某一种标准色倾向的色彩，无彩色相对于有彩色而言，并没有明显的色相偏向，因此它们在冷暖对比中属于中性色。黑白对比能够体现视觉的清晰感，当黑白对比出现在强烈的有彩色中时，画面会变得稳定，所以黑白色常用于稳定色彩，如图2-3所示。

图2-3　色彩的黑白对比

2.1.2　图文对比

　　图片与文字是视觉设计的两大主要元素，二者对比可以增加画面的视觉冲击力与感染力，因此，设计人员在进行页面设计时，可以使用图文对比的方式，让人产生视觉落差感。其主要操作是在设计过程中根据图片特点及页面背景选择合适的文字进行排版，让文字与图片产生丰富的对比效果，更具视觉表现力。

　　以图2-4为例，公众号"物道"的正文部分选用了大面积的图片，其文字的排版设计比较简洁，让页面产生了一种留白的视觉效果，使图文的对比更加强烈，画面更加生动。

图2-4　图文对比

2.1.3 方向对比

方向对比是指把画面中的一部分信息朝某个方向排版，而另一部分信息则朝其他方向排版，这种布局方式可以有效地增加画面的动感或空间感，在排版布局中比较常见。

图2-5所示为文字的排版方向对比，公众号"HomeFacialPro"文案排版的标题部分采用了纵向排版的方式，而正文部分则采用了横向布局的方式。图2-6所示为图文的排版方向对比，公众号"HomeFacialPro"的文案排版中图像部分呈水平线布局的方式，而文字部分则采用了纵向布局的方式，整体视觉效果对比鲜明、生动灵活。

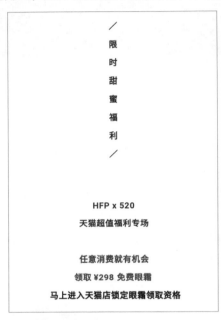

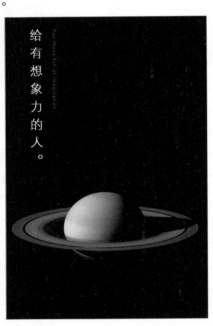

图2-5　文字与文字的排版方向对比　　　　图2-6　图片与文字的排版方向对比

高手点拨

需要注意的是，这些对比原则并不是单一存在的，设计人员在设计页面时可以使用多种对比原则来体现画面效果。

2.1.4 大小对比

大小对比即主体元素与次要元素所占画面大小的对比，大小对比在互联网视觉设计中是比较常见的。在设计时将视觉元素分为重点信息和非重点信息，把重要的信息放大，次要信息则缩小处理，就形成了大小对比，这样做的好处是可以减少次要信息对重要信息的干扰，使之更容易被接收。大小对比还能使页面的层次更丰富，让消费者有细节可看，增加页面的视觉吸引力，如图2-7所示。

该海报将咖啡机作为主体放大，通过咖啡机与人物所呈现出来的大小对比来突出画面层次，制造视觉落差，给人的感觉非常独特，增添了视觉趣味性。

图2-7　大小对比

慕课视频

重复原则

2.2　重复原则

　　重复原则是指让设计中的视觉要素在画面中重复出现，它可以是画面中任意一个视觉元素，如符号、线条、大小格式、设计风格、排版方式、空间关系、字体、色彩等。重复原则的运用可以使画面较为平稳、规律，具有强烈的形式美感，下面对重复原则的基础知识进行详细介绍。

2.2.1　重复原则的准则

　　保持整齐是重复原则的重要准则，重复、整齐的视觉形象可以增加画面的条理性和统一性，提升画面的质感与美感，同时也会增强视觉效果，易于消费者阅读。图2-8中的标题、文本、图片都是重复元素，这些重复元素使得整个页面非常具有组织性与连续性。

图2-8　整齐的重复元素

2.2.2　重复原则的运用

　　重复原则的运用范围很广泛，可以重复运用线条、版式、装饰元素、字体大小与色彩元素

19

等。设计人员可以通过重复原则将某些需要重点展现的元素表现得更明显、生动，这样不但突出了页面自身的设计风格与主题，也有助于加深消费者对该页面的印象，下面对重复原则中常见的4种运用方式进行介绍。

- 字体样式与大小的重复。字体样式与大小的重复是指页面中相同的字体样式与大小之间的重复，例如，App页面中标题都设置为相同的大小和粗细类型。
- 装饰元素的重复。装饰元素的重复是指页面中的线条、图标等装饰元素所形成的重复，主要是为了加强页面间的联系。
- 色彩的重复。色彩的重复是指页面中字体、图标、线条等元素的色彩一致，整个页面的色彩非常统一、和谐。另外，在色彩相同的情况下，其形状、大小可有适当的变化。
- 版式的重复。版式的重复是指在视觉设计中重复地使用同一种版式，这种方式可以使整个画面产生统一、和谐、整齐的视觉效果。

图2-9所示为某App的页面视觉效果，该页面合理地运用了字体、图片、装饰图标等元素，并充分展现出了视觉设计的重复原则。

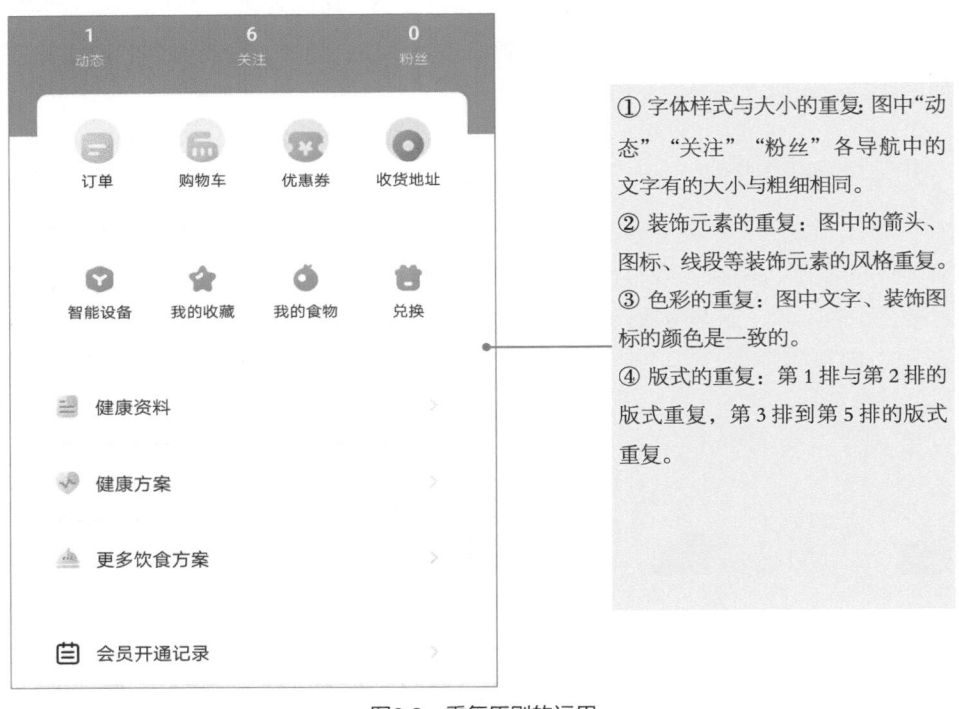

① 字体样式与大小的重复：图中"动态""关注""粉丝"各导航中的文字有的大小与粗细相同。
② 装饰元素的重复：图中的箭头、图标、线段等装饰元素的风格重复。
③ 色彩的重复：图中文字、装饰图标的颜色是一致的。
④ 版式的重复：第1排与第2排的版式重复，第3排到第5排的版式重复。

图2-9　重复原则的运用

高手点拨

　　需要注意的是，重复原则中的重复元素不一定完全相同，只需要存在明确的关联即可；另外，设计人员在设计时要避免过多地运用重复原则，以免造成消费者视觉混乱。

2.3 平衡原则

慕课视频

平衡原则

平衡原则是指让一条垂直轴两侧的重量保持平衡，让页面能够呈现平衡、稳定的状态，平衡可分为对称平衡与不对称平衡。设计人员在设计时可运用视觉的大重小轻、近重远轻、深重浅轻和图重文轻等原则来平衡画面，下面进行详细介绍。

- 大重小轻。大重小轻是指画面中面积越大的元素视觉比重越大，面积越小的元素视觉比重越小。
- 近重远轻。近重远轻是指画面中视线距离越近的元素视觉比重越大，视线距离越远的元素视觉比重越小。
- 深重浅轻。深重浅轻是指画面中颜色浓烈、鲜艳的元素视觉比重较大，颜色较浅的元素视觉比重较小。
- 图重文轻。图重文轻是指画面中图片的视觉比重较大，文字的视觉比重较小。因此，设计人员在组合图片和文字时需要注意调整图片与文字的比重，这样才能让画面效果达到平衡的状态。

2.3.1 对称平衡

对称平衡是一种非常容易实现的平衡方式，主要表现在视觉上两边的平等状态。对称的版式通常会给人正式、高雅、严谨、庄重的视觉感受，但处理不好容易显得单调、呆板。一般而言，人们平时所说的对称平衡主要是指左右对称，左右对称只需要居中对齐或两端对齐就能实现。图2-10所示为居中对齐的平衡方式，让飞机元素处于画面中心的位置，让其左右、上下都呈现出对齐的状态。

图2-10　对称平衡

2.3.2 非对称平衡

非对称平衡是页面呈现不均衡的状态，再通过设计人员在页面上合理布局元素，使得整体视觉比重达到平衡状态。它比对称平衡更灵活、生动，具有现代感，但若处理不好就会使画面显得杂乱无章。图2-11所示即为典型的非对称平衡页面，这两个图的背景都被分为了两个颜色比较明显的版块，而这两个版块呈现的是一种非对称平衡的状态，但设计人员通过商品的位置摆放，让消费者感觉到了视觉上的平衡。

慕课视频

图2-11　非对称平衡

节奏与韵律原则

2.4　节奏与韵律原则

节奏与韵律原则是指视觉设计中不同的表现形式所体现的页面变化方式，这些变化方式造成了一定的"节奏感"和"韵律感"，从而使得处于静态的页面在视觉中产生了动感。在视觉设计中，节奏与韵律原则往往相互依存，节奏在韵律的基础上升华，韵律在节奏的基础上丰富。

2.4.1　节奏与韵律原则的概念

节奏是按照一定的条理与秩序，重复性连续排列所形成的律动形式，是一种富有规律的重复跳动。节奏主要是将页面中的视觉元素按一定的规律进行重复的摆放，能带给消费者视觉上与心理上较为明确的节奏感。在节奏中注入强弱起伏、抑扬顿挫的规律变化，增加节奏的层次感与多变性，让画面更加错落有序，使之产生音乐中的旋律感，即为韵律。韵律不但有节奏，还有设计人员的思想与情感，它能增强页面的感染力，带来具有丰富起伏感的视觉体验。

2.4.2　节奏与韵律原则的运用

节奏与韵律原则的表现形式在互联网视觉设计中是极为常见的，这类设计作品一般具有很强的节奏感和韵律美，图2-12所示即为节奏与韵律原则在海报中的运用。

该海报将不同外形、尺寸的化妆品摆放到不同的位置，通过化妆品高低、大小、位置的不同来让页面产生有序的变化，增加页面中律动的美感，使页面产生波动起伏的视觉效果，让页面效果更加丰富。

图2-12　节奏与韵律的应用

22

项目一 ▶ 分析网站中视觉设计的基本原则

⊙ **项目要求**

运用本单元所学知识，分析宜家家居官网的视觉设计中所体现的对比、重复、平衡及节奏与韵律的基本原则。

慕课视频

分析网站中视觉
设计的基本原则

⊙ **项目目的**

本例是分析宜家家居官网的视觉设计，其目的是让读者学会运用互联网视觉设计的基本原则来分析页面。

⊙ **项目分析**

宜家家居是来自瑞典的全球知名家具和家居零售商，主要销售座椅/沙发系列、卧室系列、厨房系列、照明系列、办公用品、纺织品等多个产品系列。其风格简约、清新、自然，消费者人群大多数是年轻的消费群体，他们充满朝气和活力、热爱生活、追求个性，因此设计人员在进行宜家家居官网视觉设计时充分考虑了商品品类、风格、消费人群的特点，应用了对比、重复和平衡等基本原则，如图2-13所示。

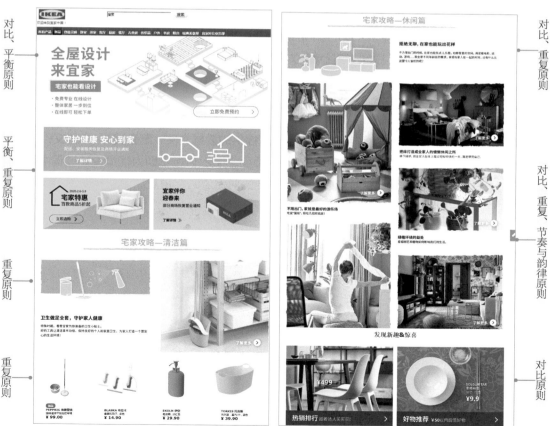

图2-13　宜家家居网站的视觉设计

⊗ **项目思路**

本例从互联网视觉设计中的对比、重复、平衡及节奏与韵律的基本原则出发，其项目思路如下。

（1）对比原则。对比原则在该网站设计中比较常见，如网站中宜家家居的标识采用了黄蓝两种对比色，第一屏海报中的绿色和黄色也采用了色彩对比的方式，另外网站海报中还有图文对比与大小对比的运用。

（2）重复原则。本例中的重复原则主要表现在版式的重复、装饰元素的重复及文字的重复上，如"宅家攻略—清洁篇"下方单个商品的展示区中就体现出了版式与文字的重复。

（3）平衡原则。设计人员通过对图片、文字等元素进行合理稳定布局，从而使网站中的海报实现整体画面的一致感与平衡感。

（4）节奏与韵律原则。为了体现网站排版的美观性，本例在"宅家攻略—休闲篇"下方将场景图片按一定的规律、大小进行排列，体现出了节奏与韵律的视觉美感。

项目二 ▶ 中秋节Banner视觉设计

⊗ **项目要求**

运用本单元所学知识，利用Photoshop CC设计一个中秋节横幅广告（Banner）页面，要求以互联网视觉设计的基本原则为基础，以平衡构图方式进行页面设计，体现出页面的简约风格。

⊗ **项目目的**

本例将运用互联网视觉设计的基本原则，根据提供的素材文件（配套资源:\素材文件\第2章\月饼.psd、祥云.png），制作一个中秋节Banner页面，图2-14所示即为视觉设计过程中可能用到的辅助素材。读者可通过本例对互联网视觉设计的对比原则、重复原则、平衡原则及节奏与韵律原则等相关知识进行巩固，并掌握其构思与设计方法。

图2-14　相关素材

⊛ 项目分析

对于节日类Banner的视觉设计而言，其设计主题与内容应以节日活动为主，因此，设计人员在设计中秋节Banner页面时，直接从中秋节的必备商品——月饼入手，在保证视觉页面美观性的前提下，充分展示月饼的大小与外观，然后通过暖心的文案信息来说明月饼的特点，与消费者产生共鸣，最终促成交易。

下面根据要求进行中秋节Banner的视觉设计，为了符合互联网传播速度快的特点，本例中文案和图片的设计简洁大方，可以使消费者的视线快速集中，一眼就能够看懂横幅广告所表达的主题。在色调的选择上，使用浅色来提高页面的整体亮度。在页面构图上，主要采用平衡构图的方式，画面结构完整，给人以满足的感觉。图2-15所示为效果展示，读者可根据此思路举一反三，学会运用互联网视觉设计的基本原则。

图2-15　效果展示

⊛ 项目思路

本例的项目思路是在项目分析的基础上进行的，先确定项目主题，收集合适的素材，再运用互联网视觉设计的基本原则完成设计，其思路如下。

（1）根据主题收集素材。为了体现中秋节的主题，本例采用与中秋节相关的素材，如月饼、祥云。

（2）对比原则。本例主要采用图文对比、大小对比、色彩对比3种对比方式，以增强画面的视觉冲击力与感染力，其中图文对比表现为月饼图片与文案的对比；大小对比表现为文案层级的对比和月饼图片的对比；色彩对比表现为不同文案层级所显示的颜色不同。

（3）重复原则。本例中的重复原则表现为月饼和祥云图片的重复，重复的月饼和祥云形象可以增加画面的条理性和统一性，提升画面的质感与美感。

（4）平衡原则。本例中采用了对称平衡的方式，将画面的中心点作为支点，通过对左右两侧的月饼图片、文案等元素进行合理稳定的布局，将视线集中在画面的中心位置。

（5）节奏与韵律原则。过于平衡的视觉设计会使画面显得呆板、单调，因此本例将月饼图片按一定的位置、大小进行排列，体现出了节奏与韵律的视觉美感。

⊗ **项目实施**

项目思路分析完成后即可进行中秋节Banner的视觉设计，其具体操作步骤如下。

慕课视频

中秋节Banner视觉设计

（1）在Photoshop CC中新建大小为1 920像素×700像素、分辨率为72像素/英寸、名为"中秋节Banner视觉设计"的文件。

（2）新建图层，并将新建图层的颜色填充为"#fff8e8"，打开"月饼.psd"图像文件（配套资源:\素材文件\第2章\月饼.psd），将其拖动到图像中，调整大小和位置，如图2-16所示。

（3）选择所有的月饼图层，按【Ctrl+G】组合键将月饼图层放置到新建的组中，双击新建的图层组，在打开的"图层样式"对话框中单击选中"投影"复选框，将"不透明度、角度、距离、扩展、大小"分别设置为"30%"、"45度"、"20像素"、"15%"、"38像素"，单击 **确定** 按钮，如图2-17所示。

图2-16　添加月饼素材

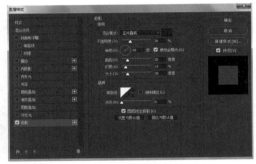

图2-17　设置投影图层样式

（4）打开"祥云.png"图像文件（配套资源:\素材文件\第2章\祥云.png），将其拖动到图像中，调整大小和位置，如图2-18所示。

（5）选择"横排文字工具" **T**，在图中输入图2-19所示的文本，其中第1排文字的字体为"Adobe 黑体 Std"，颜色为"#a17b16"；其余文字的字体为"黑体"，颜色为"#484545"。

图2-18　添加祥云素材

图2-19　输入文本

（6）选择"直线工具" **▰**，在第2排文字的左右两侧分别绘制1条大小为89像素×3像素的直线，并设置颜色为"#484545"，完成后保存文件，完成后的效果（配套资源:\效果文件\第2章\中秋节Banner视觉设计.psd）如图2-20所示。

图2-20　最终效果

❓ 思考与练习

1. 互联网视觉设计的基本原则对视觉设计各有什么作用？

2. 请查找几个展现不同原则的互联网视觉设计图片。

3. 根据提供的素材（配套资源:\素材文件\第2章\练习）制作海报，注意要展现出互联网视觉设计的基本原则，参考效果如图2-21所示（配套资源:\效果文件\第2章\练习）。

图2-21　海报练习效果

Chapter 3

第3章
互联网视觉设计的基本要素

3.1 色彩

3.2 文字

3.3 图片

3.4 构图

学习引导			
	知识目标	能力目标	情感目标
学习目标	1. 掌握色彩的搭配方法 2. 了解文字的字体与排版 3. 了解视觉构图的方式	1. 掌握色彩、文字、图片、构图在视觉设计中的应用 2. 会利用相关软件对互联网视觉设计页面进行规划	1. 培养良好的色彩搭配能力 2. 培养良好的页面构图能力
实训项目	1. 规划茶叶海报页面 2. 规划"11·11"活动页面		

色彩、文字、图片等元素是互联网视觉设计的基本组成要素，它们共同构成了消费者视觉感官能接收的画面，而这个画面的视觉效果直接影响消费者的购买决定。本单元将介绍这些基本组成要素的相关知识，以打造出更具视觉吸引力的视觉效果。

慕课视频

色彩

3.1 色彩

色彩是一种极具冲击力的视觉元素，它是由各种物体反射光波而产生的，再通过眼睛和大脑对光波能量进行分析，使人们看到不同的色彩并产生不同的心情与感受。色彩可以突出页面风格并且传达情感与思想，下面就对色彩的相关知识进行介绍。

3.1.1 色彩的属性

色彩是通过眼、脑和生活经验所产生的一种对光的视觉效应，也是消费者对视觉画面的第一感觉，是突出页面特点与风格、传达情感与思想的主要途径。消费者的视觉所能感知的所有色彩现象都具有色相、明度和纯度（又称饱和度）3个重要属性，下面分别对其进行详细介绍。

1. 色相

色相即色彩呈现出来的质地面貌，也可简单理解为某种颜色的称谓，如红色、黄色、绿色、蓝色、白色等。色相是色彩的首要特征，也是用来区别不同色彩的一种标准。

2. 明度

明度是指色彩的明亮程度，即有色物体由于反射光量的区别而产生的颜色的明暗强弱。色彩的明度会影响眼球对色彩轻重的判断，如看到同样重量的物体，黑色或者暗色系的物体会使人感觉偏重，白色或亮色系的物体会使人感觉较轻。明度高的色彩会使人联想到蓝天、白云、彩霞、棉花、羊毛及许多花卉等，产生轻柔、飘浮、上升、敏捷、灵活的感觉，而明度低的色彩易使人联想到钢铁、大理石等物品，产生沉重、稳定、降落的感觉。图3-1所示即为明度较高的视觉效果。

该海报中的色彩整体明度较高，商品、背景、装饰花朵都为明度较高的粉色，给消费者一种干净、明快、愉悦的感觉。同时，页面的整体色彩与商品色彩相对应，风格统一，能够快速吸引消费者的视线。

图3-1　明度较高的视觉效果

高手点拨

在设计时常常会发现，日用商品的整体视觉效果比较明亮，如护肤品、厨房用品；而科技、数码等部分商品为了体现其高端的品质，凸显质感，常采用较深的色彩。

3. 纯度

色彩的纯度（也叫饱和度）是指色彩的纯净或鲜艳程度（以下统称为饱和度）。同一色相中，纯度的变化会给人不同的视觉感受，高饱和度的色彩会给人鲜艳、视觉冲击力强的感觉，而低饱和度的色彩会给人静谧、优雅、舒适的感觉。饱和度的高低取决于纯色中含色成分和消色成分（灰色）的比例。含色成分越高，饱和度越高；消色成分越高，饱和度越低。为了让页面的视觉效果更加突出，设计人员在进行互联网视觉设计时要将低饱和度和高饱和度进行合理的运用，图3-2所示即为整体低饱和度、局部高饱和度的页面。

该海报中的背景颜色主要为低饱和度的蓝色，同时，为了突出海报中的主体物与文字，该海报中还采用了饱和度较高的黄色、红色、白色等色彩作为搭配，视觉效果更加突出。

图3-2　整体低饱和度、局部高饱和度页面

3.1.2 色彩的搭配

将色彩按照光谱在自然中出现的顺序来进行排列，可以形成首尾相接的圆形光谱，一共12种颜色，色彩搭配就是该光谱色环上不同色相之间相互呼应、相互调和的过程。其关系取决于色环上的位置，色环上的色相离得越近，对比度就越小，离得越远，对比度就越大。色彩的搭配可以分为邻近色搭配、间隔色搭配、对比色搭配3种，下面分别进行介绍。

- 邻近色搭配。邻近色是指色环上挨得比较近的几种颜色，如红色和橙色、橙色和黄色、黄色和绿色、绿色和蓝色等。邻近色之间的关联性强且非常柔和、协调，可使页面显得更加和谐统一，因此邻近色搭配是色彩搭配中最容易操作的一种方式。图3-3所示的某品牌活动页面，其整个页面采用了邻近色配色方案进行设计，页面中采用了大面积的暗红色、紫红色作为背景色，辅以红色作为辅助色；然后

图3-3　邻近色搭配

以少量的白色作为点缀色，让页面产生了一种平稳、和谐的视觉效果。

- 间隔色搭配。间隔色与邻近色相比，两色之间在色环上隔得较远，因此视觉冲击力强于邻近色。而且间隔色没有对比色那么具有刺激性，但是比邻近色多了一些明快感，更适合欢庆的活动氛围，因此使用非常广泛。图3-4所示的促销页面就采用了蓝色作为背景色，并采用了黄色的主题文字与素材进行搭配，使页面更加鲜活，对促销商品的表现力度更强，更容易吸引消费者的注意。

- 对比色搭配。对比色又称为互补色，是色环中相隔180°的两个颜色，也是对比最为强烈的两个色彩，如图3-5所示。也可以宽泛地将对比色理解为可以明显区分的两种颜色，如冷色和暖色、亮色和暗色等都可以看作对比色。

图3-4　间隔色搭配

图3-5　对比色搭配

3.1.3 色彩的组合

一般来说，图片上出现的颜色不宜超过3种（此处指3种色相，如深红和暗红可视为一种色相），否则会使页面显得混乱，颜色用得越少，页面则越简洁，且作品显得越成熟，对页面的把握和控制也越容易。当然，该比例并非一成不变，设计人员可针对品牌风格和商品定位做出一定变化。图3-6所示为防晒霜的活动海报，针对其配色比例的分析如下。

① 红色作为文字信息的辅助色，与对比色蓝色的背景相搭配，能够突出卖点信息，方便消费者直观查看。

② 少量的白色为点缀色，在丰富画面内容的同时，提升页面的整体层次感。

③ 不同明度的蓝色调为主色调，让海报更有层次，文字信息与商品清晰、突出。

④ 黄色的商品与蓝色的背景形成对比色搭配，提升商品对消费者的吸引力。

图3-6 活动海报配色比例分析

3.1.4 色彩的聚焦

色彩聚焦是表达设计主题与传播视觉信息的重要手段，设计人员可以通过形成突出的色彩、增强聚焦感等手段来引导消费者视线的移动，使其目光聚焦到信息上并按照设计人员的构思以一定的顺序来进行信息的感知，深入了解推广信息，达到互联网宣传推广的作用。

1. 形成突出的色彩

当页面中存在两个以上的色彩时，自然就会产生色彩的对比，其中色彩反差强烈的部分就会形成突出的色彩，吸引消费者的视线在那里停留，并自动寻找下一个突出点，直到浏览完整个页面。

2. 增强聚焦感

当形成色彩的强烈对比时，视线自然会快速聚焦到突出的色彩上，因此可以简单地将这里的色彩理解为聚焦色。它可以是单一的颜色，也可以是组合的颜色，设计人员不仅能够通过控制色彩的色相、明度、纯度来突出页面的聚焦感，还能通过面积、造型和位置等的变化来进行表现，如与色块、形状、文字、图片等进行搭配来突出聚焦感，如图3-7所示。

该海报中的背景颜色主要为低饱和度的粉色，页面中间采用了高饱和度的白色和红色来突出文字信息，使消费者的视线很快地集中到海报的中间位置，产生聚焦感，使海报的视觉效果更加突出。

图3-7　增强聚焦感的海报页面

慕课视频

文字

3.2 文字

　　色彩能使页面变得生动，文字则能增强视觉传达效果，提高设计作品的诉求，影响信息的展现与传达。字体包括英文字体和中文字体，而这些字体又可被分为不同的种类，设计人员可根据不同的版面需求，相互结合使用，使展现的效果更加美观。下面先对文字的字体进行介绍，再对文字的对比与排版进行简单说明。

3.2.1 文字的字体

　　传统的字体可分为楷、草、隶、篆、行5种，从视觉感观与应用的角度来讲，还可以把字体分为宋体类、黑体类、书法体类和艺术体类4种，下面分别对这些字体进行介绍。

- 宋体类。宋体是应用较广泛的字体，其笔画横细竖粗，起点与结束点有额外的装饰部分，其外形纤细优雅，体现出浓厚的文艺气息。
- 黑体类。黑体笔画粗细一致，粗壮有力、突出醒目，具有强烈的视觉感，商业气息浓厚，常用于促销广告、导航条，或车、剃须刀、重金属、摇滚、竞技游戏、足球等目标群体为男性的商品宣传图的设计中。
- 书法体类。书法体包括楷体、叶根友毛笔行书、篆书体、隶书体、行书体和燕书体等。书法体具有古朴秀美、历史悠久的特征，常用于古玉、茶叶、笔墨、书籍等古典气息浓厚的商品设计中。
- 艺术体类。艺术体是指一些非正常的特殊的印刷用字体，一般是为了美化版面而采用的。艺术体的笔画和结构一般都进行了一些形象化，常用于海报制作或模板设计的标题部分，可提升艺术品味。

3.2.2 文字的对比

　　文字的对比主要包括文字的大小、疏密和颜色等方面的对比。设计人员通常是按文案的重要程度设置文本的显示级别，引导消费者浏览文案的顺序，并展示商品所强调的重点。

1. 文字的大小对比

文字的大小对比是文字排版中比较常见的操作，一般来说，画面空间有限，因此，设计人员需要通过不同大小的文字来对主要信息和次要信息进行区分。通常情况下，设计人员要放大显示最重要的信息，缩小显示次要信息，减少其他不必要的信息对重要信息的干扰，让消费者能够快速将视线锁定到重要信息上，加快信息的接收。而且，大小合适的文字更能够体现页面的层次设计，增加视觉设计的美感。

2. 文字的疏密对比

文字的疏密对比是指页面中的字间距与行间距的各种对比。在互联网视觉设计中，文字一般以区块的形式呈现在页面中，因此设计人员可以通过对文字疏密对比的利用区分文字所表现的信息，将不同字体、字号和颜色的文字分类隔开，让信息呈现得更加清晰、层次更加分明，更好地设计视觉浏览流程，引导消费者进行信息的阅读与接收。否则，将很容易误导消费者，模糊主题甚至造成信息接收障碍。

3. 文字的颜色对比

文字的颜色对比是指两种或两种以上不同颜色文字形成的对比。页面中的文字颜色可以直接影响消费者的视觉感受，如果将不同的的字体颜色进行合理对比，可以有效增加页面的动感和视觉感，如图3-8所示。

该焦点图首先将红色大字号文字与较小字号的文字进行对比，体现了文本的层次感；然后将页面中的文字以不同的间距进行排列，层次分明；最后使用白色粗体文字强调折扣，并用黄色粗体文字突出具体折扣值，体现了文字的颜色对比。

图3-8　文字的对比

3.2.3 文字的排版

当确定页面中运用的字体后，还需要对文字进行组合排版，让页面的展现效果更加充实、美观。下面将分别对设计人员在文字的排版过程中需要注意的问题进行介绍。

1. 文字的字体选择

文字的主要功能是在视觉传达过程中传递商品、品牌或营销信息，要达到这一目的还需要考虑文字的字体选择，给消费者清晰的视觉展现，并且符合页面主题。因此，设计人员在选择文字字体的过程中要避免繁杂凌乱的字体，应选择易认、易懂且与页面主题契合的字体，切忌为了美观而忽略实际需求，不要忘记文字设计的目的是更有效地传递信息。同时，设计人员还要注意限制文字字体的数量在两到三种以内，太多字体或复杂的字体样式都会对页面的视觉效果产生影响。

2. 文字的视觉层次感

不同文字信息本身具有不同的重要程度，因此，设计人员在文字的排版过程中要依次划分文字层级，形成视觉层次感，然后通过视觉层次结构引导消费者关注相关内容，传达出重点信息。

3. 文字的颜色选择

文字的颜色选择与背景色息息相关，文字颜色与背景色的对比度越高，文字颜色越明显，消费者就越能快速、清晰地获取其中的信息，另外需要注意同一个页面中文字的颜色不要太分散，避免对文字所传达的信息造成干扰。

4. 文字的留白

文字的适当留白可以制造一些视觉焦点，有助于消费者把更多的注意力放在一个焦点部分，让消费者快速找到其需要的信息，以提高消费者的体验感。同时，文字的留白可以使页面具有想象的空间，也更容易被消费者理解和接受。

慕课视频

图片

3.3 图片

图片是互联网设计中常见的视觉展现形式，与文字相比，图片更具视觉吸引力，视觉效果也更加直观。下面先对图片的基本要求和简单处理进行介绍，再对动图的制作进行简单说明。

3.3.1 图片的基本要求

图片在视觉设计中起着至关重要的作用，一张好的图片是吸引消费者的重要因素，为了让图片符合设计的需求，设计人员在使用图片的过程中需要注意以下两个方面。

1. 图片的质量

图片的质量会在一定程度上影响整个视觉设计的格调，高质量的图片可以给消费者美的视觉感受，从而加深图片在消费者心中的印象。提高图片质量有两种途径：一是在前期搜集素材时就注意搜集高质量的图片；二是后期对图片进行加工处理。

2. 图片的格式

选择合适的图片格式不但可以让设计呈现出合理的显示效果，还可以有效控制图片的大小，节省储存空间。

- PSD。PSD图片格式是Photoshop软件的专用文件格式，可储存图层、通道、蒙版和不同彩色模式的各种图像特征，方便后期的修改，是设计人员常用的文件格式。
- GIF。GIF图片格式支持背景透明、动画、图形渐进和无损压缩等格式，是一种图形浏览器普遍支持的格式，但其颜色数少、显示效果相对受限，不适合用于显示高质量的图片。

- PNG。PNG图片格式支持的色彩多于GIF格式，支持透明背景，所占空间小，常用于制作标志或装饰性元素。
- JPG/JPEG。JPG/JPEG图片格式是照片的默认格式，色彩丰富，图片显示效果优于GIF与PNG格式。由于该格式使用更有效的有损压缩算法，图片压缩质量受损小，比较方便网络传输和磁盘交换文件，是一种常用的图片压缩格式。其缺点是不支持透明度、动画等。

3.3.2　图片的简单处理

一般来说，设计人员为了让图片的视觉展现效果更加吸引消费者，就需要选择合适的图像处理软件对图片进行处理，调整图片大小，提高图片质量，让图片效果更加符合设计需求。下面使用Photoshop CC对图片进行简单处理。

1. 调整图片大小

慕课视频

调整图片大小

调整图片大小是处理图片的第一步，裁剪掉不需要的部分，并对图片的大小进行修正，能让图片的视觉效果更加美观，并便于后期的操作。本例将打开"模特.jpg"图像文件，将人物的下半部分进行裁剪，使其只展现上半部分，其具体操作如下。

（1）打开"模特.jpg"图像文件（配套资源:\素材文件\第3章\模特.jpg），在工具箱中选择"裁剪工具"🔲，在工具属性栏中设置"裁剪模式"为"宽×高×分辨率"，此时在图像边缘将出现8个控制点，用于确认裁剪区域，如图3-9所示。

（2）将鼠标指针移动到人物下方中间的控制点上，向上拖动，确认裁剪区域，如图3-10所示。

（3）确定裁剪区域后，在工具箱中选择"移动工具"🔀，打开"要裁剪图像吗？"提示框，单击 裁剪(C) 按钮，即可完成裁剪操作，效果如图3-11所示（配套资源:\效果文件\第3章\模特.jpg）。

图3-9　开始裁剪

图3-10　确认裁剪区域

图3-11　完成裁剪

2. 调整图片颜色

慕课视频

调整图片颜色

调整图片颜色能使商品图片更加清晰亮丽、鲜艳夺目，更具有视觉感，本例将利用"可选颜色"命令来对图片进行调色处理。其具体操作如下。

（1）打开"冰淇淋.jpg"图片（配套资源:\素材文件\第3章\冰淇淋.jpg），如图3-12所示。该图片颜色偏淡，且画面有些朦胧。

（2）选择"图层"/"新建调整图层"/"可选颜色"命令，打开"新建图层"提示框，单击 确定 按钮，在打开的"属性"面板的"颜色"下拉列表中选择"黄色"选项，将"黄色"和"黑色"均设置为"+100%"，接着选择"红色"选项，进行相同的设置，增加背景黄色的浓度，如图3-13所示。

（3）在图像窗口中查看调整后的图片效果，此时背景与商品的对比更加鲜明，图片色彩更加艳丽，如图3-14所示（配套资源:\效果文件\第3章\冰淇淋.jpg）。

图3-12　打开图片

图3-13　设置可选颜色

图3-14　查看图片效果

3.3.3　GIF动图的制作

GIF动图是一种动态图，在互联网视觉设计中较为常见。通过其动态展现形式，可以增加页面的代入感，体现差异化，起到吸引消费者注意力的作用。其原理是将多张图像一帧一帧地串联起来，形成一种动起来的效果。制作GIF动图的方法有很多，下面介绍一些快速制作GIF动图的方法。

扩展阅读

使用图形图像软件制作动图

● 录制GIF动图。通过一些工具软件（如LICEcap、GifCam等）可以直接录制计算机屏幕中的画面来制作GIF动图。

● 截取视频中的动态画面。视频本身是动态的，通过LICEcap、GifCam、ScreenToGif、Ulead GIF Animator等工具软件还可直接截取其中的动态画面存储为GIF动图。这些工具的使用方法都非常简单，下载并按照提示进行操作即可，便于新手快速上手。

● 手机应用制作GIF动图。在手机应用商店中搜索关键词"GIF"，可获得各种GIF制作软件。使用这些应用软件制作GIF动图非常方便。它们一般是利用图片、连拍快照、视频来轻松制作GIF动图，同时还支持对动图和短片进行编辑，可添加文本、滤镜，调整播放速度、播放方向等，完成后还能保存并直接分享到网络中。

慕课视频

构图

3.4 构图

在互联网视觉设计中，合理的构图能够规划出画面重点，区分信息表现的先后顺序，更好地展现商品和营销信息，使消费者快速找到页面中想要的东西。下面将介绍常用的几种构图方式。

3.4.1 切割构图法

适当的画面切割能够给页面带来动感与节奏感，加入几根线条、几个块面就能使页面达到意想不到的效果。简单的三角形、正方形、长方形、圆形，甚至几根线条就可以组成很多有趣的图形，也很符合现代审美需求。但设计人员在设计时需要注意，素材不宜太复杂和花哨，一般可用纯色大块搭配渐变，主要突出形状和区块，如图3-15所示。

图3-15　切割构图法

3.4.2 韵律构图法

韵律构图法是指在互联网视觉设计中通过节拍、节奏及各种元素的组合，形成统一、连贯、舒适的整体页面。互联网视觉设计中的设计元素，在形态上讲究点、线、面、体的规律性变化，结构形式上讲究疏密、大小、曲直等变化，这就如同音乐中的节奏韵律，赋予了页面活力和生命，也带给消费者更美妙的体验。特别是在进行商品促销页面的设计时，设计人员更需要注意节奏感，不要使商品排列得太紧密，结构上要疏密有序。

3.4.3 平衡构图法

在视觉设计中，平衡感是很重要的，一般情况下，为保证页面平衡，会使用左图右文、左文右图、上文下图等构图方式，以使页面整体的轻重感达到平衡，图3-16所示为平衡构图法中的左图右文，文字在画面的右侧，为了保证整体页面平衡，画面左侧会添加商品。

3.4.4 放射构图法

放射构图法是指以主体物为核心，将核心作为构图的中心点并向四周扩散的一种构图方式。这种构图方式可以让整个页面呈现出空间感和立体感，同时产生导向作用，将消费者的注意力快速集中到展现的主体物上，同时使页面极具视觉冲击力。采用这种构图方式要注意文字的排版，在文字较多的情况下，不建议采用这种构图方式，图3-17所示即为放射构图法的海报效果。

图3-16　平衡构图法

图3-17　放射构图法

3.4.5　流程构图法

　　流程构图法的构图类似树杈结构，以流程图的方式展示信息。这种构图方式能够将步骤、各个节点及整体流向展示清楚，配合图片展示，将一个枯燥的流程瞬间变得个性十足，让消费者浏览起来简单明了，并且充满趣味性。

3.4.6　物体轮廓构图法

　　物体轮廓构图法是指采用主体物轮廓进行活动内容的设计，以快速吸引消费者视线。即根据活动的主要内容，选择一种拟形化的商品，如红包、灯泡等，从整体上构建一个边界或外形线，形成一个大的轮廓，将活动内容巧妙地填充进去。这种处理方式能够让消费者一眼就了解到页面的主要信息，在体现主题的同时，让页面更加生动活泼，更有设计感。需要提醒的是，在设计过程中，主体不需要太具象，可以舍弃一些烦琐、次要的元素，以免影响消费者识别内容。图3-18所示的页面为红包轮廓的构图设计，图3-19所示的页面为灯笼轮廓的构图设计。

图3-18　红包轮廓

图3-19　灯笼轮廓

项目一 ▶ 规划茶叶海报页面

慕课视频

规划茶叶海报页面

⊛ 项目要求

要求运用本单元所学知识进行茶叶海报的构建，并掌握其设计构思方法。

⊛ 项目目的

本例主要是运用互联网设计思维规划一张茶叶海报。通过该实例对互联网视觉设计的个别要素，如色彩、文字、图片、构图等相关知识进行巩固，图3-20所示即为规划过程中可能用到的辅助素材。

图3-20　素材

⊛ 项目分析

本例的辅助素材为绿色商品，可先根据该商品来确定海报的整体色调、构图，然后收集素材并进行整合，选择合适的文字来填充画面，使画面主题突出，吸引消费者视线。图3-21所示即为本例的参考示例，读者可参考其方法进行海报页面分析。

图3-21　海报画面规划参考效果

⚙ 项目思路

本例中茶叶海报页面的规划主要从确定色彩方案、文字规划、图片规划及构图4个方面来进行，其思路如下。

（1）确定色彩方案。从提供的素材中可发现，本例的商品颜色主要包括绿色、黄色和白色，为了配合商品，这里直接取商品颜色来进行场景颜色的定位，以绿色为主色调，在设计时，可根据需要适当调整绿色的明度和饱和度，以不同深浅的绿色来丰富画面的层次，同时根据背景素材的需要将白色和蓝色作为辅助色，黄色作为点缀色。

（2）文字规划。茶叶是绿色商品，为了表现商品的健康、自然，主要使用细腻、文艺的宋体系列的字体进行展示。同时，为了让文字间的层级显示得更加清晰，本例使用了宋体系列中两种不同的字体来进行区分，如"茶叶"文字使用了较粗的"方正中雅宋简体"字体，而其余文字则使用了较为纤细的"方正细雅宋简体"字体，并且在部分文字下方绘制了绿色矩形底纹，以与白色文字形成对比，突出文字的视觉层次感。

（3）图片规划。观察茶叶罐图片素材，可发现茶叶罐背景干净，但背景颜色为灰色，因此可以通过Photoshop CC中的"魔棒"工具进行抠取，同时通过调整色相/饱和度、曲线、色彩平衡等方式对图片素材进行调色处理。

（4）构图。为了方便体现商品的特点，可采用平衡构图法进行构图，可选择左文右图或左图右文的方式。这里选择左图右文的方式进行构图，左侧面积较大，用于展示商品；右侧面积较小，用于展示文字信息。但这样画面会显得较为单调，因此可适当调整每一部分的明度，形成视觉差异，营造丰富的层次感。

 项目二 ▶ 规划"11·11"活动页面

⊕ 项目要求

本例将为某店铺规划"11·11"活动页面，要求以间隔色进行色彩搭配，以韵律构图法进行页面规划，体现出活动的氛围与折扣信息。

慕课视频

规划"11·11"活动页面

⊕ 项目目的

本例是运用互联网视觉设计思维对某店铺的"11·11"活动页面进行规划，其目的是让读者可根据此思路举一反三，掌握类似活动页面的规划方法。

⊕ 项目分析

本例要求对某店铺的"11·11"活动页面进行规划，为了突出促销氛围，可使用红黄、黄蓝、绿紫、绿橙、紫橙、蓝红等间隔色进行色彩搭配，并添加其他明度较高的颜色如黄色来点缀页面，提高页面的整体亮度。在页面构图上，可以使用韵律构图的方式，并注意按照活动优惠信息的高低来进行排序，让活动页面更具活力和生命力，也带给消费者更美妙的视觉体验，图3-22所示即为活动页面的规划草图，图3-23所示为实现效果。

图3-22　规划草图　　　　图3-23　实现效果

✿ 项目思路

"11·11" 活动页面的规划需要先根据活动目的确定色彩方案，再选择合适的构图方法，最终完成设计。其思路如下。

（1）确定色彩方案。根据间隔色搭配的要求，本例以蓝色为主色、黄色为辅助色进行页面色彩搭配。其中，蓝色为低明度的深蓝色，黄色为高明度的亮黄色，以渲染整个页面，给消费者明亮、愉悦的促销感。然后，以红色、白色作为点缀色，丰富画面层次并美化页面效果。

（2）韵律构图。活动页面主要起引导作用，目的在于通过优惠信息来吸引消费者浏览页面内容并跳转到相关页面进行消费。因此，本例采用线性流程的方式，以弯曲的流程线条来引导消费者，并按照优惠信息的优先级进行信息的呈现。

（3）物体轮廓法构图。由于活动页面的内容较多，所以此可在页面中以形状轮廓的方法划分不同区域，在每个轮廓区域中放置对应的内容，使页面结构更加清晰，方便消费者浏览并快速接收信息。

? 思考与练习

1. 列举几个邻近色、间隔色和互补色的色彩搭配设计案例。

2. 简述色彩的视觉联想对美妆、数码、母婴等类目商品的影响。

3. 从色彩搭配、文字、构图等角度分析图3-24所示的海报与图3-25所示的设计页面。

图3-24　海报分析

图3-25　页面分析

Chapter 4

第4章
电商视觉设计

4.1 电商视觉设计的原则
4.2 网店页面视觉设计
4.3 网店首页视觉设计
4.4 商品详情页视觉设计

学习引导			
	知识目标	能力目标	情感目标
学习目标	1. 了解电商视觉设计的基本原则 2. 掌握网店视觉设计的思路与视觉定位 3. 了解网店视觉设计的基本要求	1. 能够熟练运用相关工具对电商页面进行视觉设计 2. 能够运用互联网思维来设计制作具有特色的电商页面	1. 培养较强的电商设计创意思维、艺术设计素质 2. 培养观察、分析和综合利用网络资源的能力
实训项目	1. 食品类网店首页视觉设计 2. 坚果商品详情页视觉设计		

在互联网视觉设计中，电商视觉设计是不可忽视的重点内容，尤其是在电子商务迅速发展的今天，一些简单的电商广告，如信息重复堆积的广告、简单罗列商品的广告、内容单调的广告等已经很难再引起消费者的兴趣。因此，设计人员应当掌握电商视觉设计这种更美观、更有层次、更易于阅读和识别的内容形式，以刺激消费者的购物行为。本单元将以淘宝、天猫电商平台为例对电商视觉设计的相关知识进行介绍。

4.1 电商视觉设计的原则

慕课视频

电商视觉设计的原则

电商视觉设计主要服务于电商行业，以商业销售为主，是借助广告设计中的各种视觉表现元素来阐述商品卖点，将商品卖点准确、快速地传递给消费者，让消费者能够接收、识别，并产生进一步消费行为的一种设计方式。要想创造出更具变现率的电商视觉设计作品，在视觉设计的过程中，设计人员需遵守以下原则。

4.1.1 功能性原则

功能性原则是设计中最基本的原则，是指在设计电商页面时应该充分考虑页面的实用性，让消费者能够快捷、轻松地获取商品信息，而不是一味地追求页面的华丽、炫酷，而忽略了消费者的需求。尤其是移动端的电商视觉设计鉴于屏幕尺寸的限制而更需要优先满足消费者的日常阅读需求。因此，在进行电商视觉设计时，设计人员应注重页面的功能性，做到美观与实用相统一。

下面以淘宝平台的首页和活动页为例，结合前面所介绍的知识，按照电商视觉设计的功能性来对该页面进行分析，如图4-1所示。

① 为了让消费者在进入淘宝首页时第一眼就能看到最新的商品活动促销信息，设计人员在对电商首页页面进行视觉设计时，遵循了功能性原则，将活动模块放置到整体页面的中间，符合消费者的视觉和审美习惯，从而引导消费者购物。

② 消费者单击活动模块就会进入活动主页面，该活动页面会将活动信息充分展现出来，以此引导消费者购买。

图4-1　体现功能性原则的电商页面

4.1.2　可视性原则

由于电商平台上的商品数量庞大，太繁杂的信息容易给消费者造成视觉上的负担，从而影响消费者的购物体验，所以电商页面的视觉设计应该遵循可视性原则，即简洁明了、易于识别。电商视觉设计的可视性原则主要体现在以下3个方面。

● 简洁的页面。无论是移动端还是电脑端都要求设计人员在进行电商视觉设计时简洁明了，能够在最短的时间内抓住消费者的视线，吸引消费者的注意力，准确、直观、高效地向消费者传达有价值的信息。图4-2所示为设计简洁的电商页面，从图中可以看出该页面简洁明了，便于消费者浏览查看。

● 简洁的文案。对于电商商品来说，短小精悍、言简意赅的文案反而更能迎合消费者的阅读偏好，激发其浏览和购买的欲望，因此在很多电商页面中，文案都有不可替代的作用，尤其是在进行电商视觉设计时则更应该遵循这一原则。图4-2所示即为运用此类风格的电商页面，设计人员运用简洁的文案来制作商品的定制区域，不仅向消费者传达了商品的主要信息，也与整个页面的自然风格相契合。同时，该页面设计还通过字体大小对比和颜色对比来突出文案信息的主次，文案居中对齐排版也使详情页面更加整洁、美观，且便于消费者接收信息。

图4-2　简洁的电商页面

● 合理的色彩搭配。合理的色彩搭配不仅可以使页面的版式更加丰富，还能够准确地传达页面的主题，吸引消费者点击和查看。一般来说，在设计电商页面时主要采用"总体协调，局部对比"的搭配原则，即整体页面的色彩搭配运用统一和谐的方式，局部页面的色彩搭配则运用对比色的方式，让重点内容突显出来。

4.1.3　统一性原则

电商视觉的统一性原则主要包括3个方面的内容，分别是内容与形式的统一、整体形象的统一和各页面的统一。内容与形式的统一是指在设计电商页面时，要准确把握视觉的定位，电商页面风格需要与内容相统一。例如，在为一家专营古玩的淘宝网店设计页面时，最好不要使用炫酷的风格来进行设计，这样会使页面的整体效果不佳。整体形象的统一是指电商页面的色彩搭配、文字和其他装饰元素的选择，以及页面的布局与构图等都需要统一、和谐。各页面的统一是指电商各级页面的视觉统一，如网店的首页、主图、详情页等页面应保持和谐、统一的风格。统一各级电商页面的风格可以让整体页面看起来整齐有序，有助于强化品牌在消费者心目中的形象。

4.2　网店页面视觉设计

随着互联网的迅速发展，各电商平台上的网店也越来越多，这也意味着竞争越来越激烈，要想在众多网店中脱颖而出，设计人员就要先了解网店页面视觉设计的相关知识。下面进行详细介绍。

慕课视频

网店页面视觉设计

4.2.1 网店页面的素材准备

网店页面的素材准备是进行页面设计的前提，主要包括准备辅助设计素材和拍摄商品图片，下面分别进行介绍。

- 准备辅助设计素材。辅助设计素材可以提升页面的美观度，使消费者产生阅读愉悦感，从而引发消费者的购买欲望。辅助素材主要是指一些图形、装饰元素、字体等，这些素材能起到增加页面设计美感、提升商品展示效果的作用。设计人员可根据网站的整体风格来确定这些素材的使用方式，获取这些素材可以使用本书1.2.2小节中介绍的方法，但要注意图片和字体版权问题，切勿随意使用，以免造成版权纠纷。

- 拍摄商品图片。在日常工作中，设计人员常常会遭遇这样的尴尬情况：拿到一堆商品的图片，却发现没几张可用。之所以会造成这种情况，是因为在拍摄商品图片时缺乏目的性和拍摄脚本，这对商品图片的最终拍摄效果有很大的影响。一般拍摄的脚本可以根据网店的商品特征、文案、风格定位来制定，因此建议制作商品拍摄计划表，明确商品的拍摄标准，确定拍摄方向，合理掌握拍摄时间进度，以便能更完整地体现出商品的特点。下面以女士套装为例，其拍摄计划表如表4-1所示。

拓展阅读

商品图片的拍摄原则

表4-1　女士套装拍摄计划表

项目名称	拍摄要点	拍摄环境	拍摄数量
细节图	商品正面及背面图（包括模特图），细节展示图，包括领口松紧设计、上衣收腰、裤装松紧腰、裤兜、面料质感、颜色、布料	视具体内容而定	25
整体展示图	正面、背面	摄影棚	8
多角度拍摄	平拍、侧拍、俯拍	摄影棚	5
功能信息	商品标签	无要求	3
参数信息	服装平铺测量尺寸	静物台	1
颜色展示	各种颜色的服装单独拍摄、多色组合拍摄、多色摆放拍摄	静物台	5
模特图	远景拍摄模特穿着的整体效果	摄影棚或室外拍摄	10
实力资质	品牌吊牌、质检证书	静物台	2

高手点拨

除此之外，还有一些商品需要在详情页中展示使用方法和使用的前后对比效果，因此也需拍摄使用方法示范图、使用效果图等素材。设计这些模块不仅能够交代商品的使用方法，还能展现商品的使用效果，增强消费者的信任感。

4.2.2 网店页面的视觉定位

网店页面的视觉定位是指当消费者打开网页查看商品或网店页面时，第一眼所看到的视觉效果，设计人员可以通过不同的视觉定位对网店页面进行设计，网店页面的视觉定位主要包括品牌型网店视觉定位和营销型网店视觉定位。

1. 品牌型网店视觉定位

品牌型网店需要突出品牌优势，特别是与同类型品牌相比要更有竞争力，达到从竞争力中区分网店的目的。一般来说，品牌型网店商品的价格较高，因此在营销过程中要着重表现出商品优势，弱化价格的敏感度。图4-3所示为美妆品牌"水密码"的一张全屏海报，从该海报中可以看出商品颜色为深蓝色，为了体现出商品，海报背景颜色采用浅蓝色与白色相结合，突出商品与商品瓶身上的标识，告诉消费者这是"水密码"商品。同时背景加入了波光粼粼的水元素，与营销文字中的"水/嫩/亮"和品牌名称"水密码"充分融合起来，在确保海报美观的基础上，做到了尽量以视觉化的方式来进行品牌营销。同时，该海报还借势大型女性时尚节目，在海报上方以"《我是大美人》推荐"字样来体现商品的权威性，不仅使商品在竞争中更具竞争优势，还彰显了品牌知名度与实力，让消费者对品牌更有信心，更愿意选择该品牌或花费稍高一点的价格购买该品牌的商品。

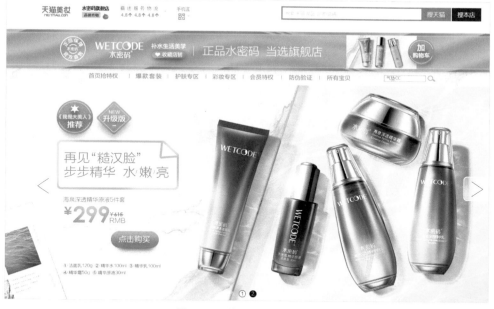

图4-3　品牌型网店视觉定位

通过上述展示可发现品牌型网店在视觉营销过程中具有以下两点规律。

● 给消费者留下品牌强、商品优质、服务好的印象。在制作该类视觉展示效果时，设计人员可根据商品中的文字、配色、背景等元素，将品牌放大，从营销信息中体现品牌信息，并加以文案体现质量和服务。在配色上，要尽量突出商品，避免花俏，应偏向于简单、干净。

- 将价格转移到价值。将价格信息弱化，最好的方式就是避免价格数字醒目，缩小数字，如图4-3中商品图片与卖点占据了页面的大部分，价格文案并不明显，从商品价值上吸引消费者。

2. 营销型网店视觉定位

营销型网店需要凸显价格的优势，从价格中突显竞争力，从竞争力中达到区分网店的目的。一般营销型网店的价格要低于同类型商品，在营销过程中，需要将促销做得更加吸引人，从而促进销售，如图4-4所示。该网店主要售卖茶具，在店招中通过展示热卖的促销商品，海报中通过"每满300减40 满600减70"等促销信息来体现价格优势，同时将网店宣传的重点落到促销文字上，并通过背景中的红包、礼盒等设计元素体现活动的主题，让消费者感到浓厚的节日氛围。

图4-4　营销型网店视觉定位

通过上述展示可发现营销型网店在视觉设计过程中具有以下两点规律。

- 营造热闹、紧张的促销氛围。网店整体页面要突出促销氛围，如网店的店招与导航、全屏海报甚至商品详情页都有必要加入促销元素、商品、文案等。例如，将促销活动和促销时间有序排列在一起，让消费者感觉促销活动的优惠力度很大，并且时间紧迫，给消费者一种紧张的感觉，促使其快速下单。但在设计时要注意避免杂乱，以免呈现的视觉效果不够强烈。
- 打造围观效应。加大促销信息展示，让文字与背景形成鲜明的对比，使促销信息成为视觉的焦点，吸引消费者点击，造成类似实体店"围观"的效果。

4.2.3　网店图片设计规范

网店中的图片由于显示终端不同，其尺寸也有所不同，电脑端首页的宽度为1 920像素，详情页宽度为640像素或750像素，而移动端会根据实际后台使用模块决定页面宽度，主要包括

640像素和750像素等。由此可以看出，电脑端的屏幕大、内容更多，因此常采用横屏构图的方法来进行页面设计；而移动端屏幕小，且不同于电脑的横屏，则常以竖屏构图为主。因此，在设计移动端电商网店页面时，应该在基于移动设备特点的基础上进行页面的规划设计。

　　一张1 920像素宽度的全屏海报可以直接铺满电脑端首页的整个屏幕，如图4-5所示。如果将这张海报的内容原封不动地放在移动端中，由于图片规范的不同，这张海报只能占据移动端首页的一小半位置，这就直接导致移动端页面的内容被缩小，消费者识别图片和文字时会变得吃力，设计人员也更不能通过海报的创意设计与突出的视觉冲击力来吸引消费者。

图4-5　首页全屏海报放在移动端的效果

　　因此，设计人员在进行移动端页面的设计时，可结合移动端页面的大小，考虑哪些内容应该更加简练，图文怎么排版，以及如何在有限的页面宽度范围内最大化地突出显示信息等，以提升消费者接收信息的速度和视觉浏览体验，进而提高商品转化率。

4.2.4　网店页面视觉设计的基本要求

　　网店虽然给消费者带来了方便，但展示的页面有限，为了在有限的页面中最大限度地向消费者展示出网店的风格与特色，在设计网店页面时设计人员还需要注意以下几点基本要求。

- 目标明确，内容简洁。网店页面的面积有限，若在页面中放置太多的内容，会使页面呈现效果烦琐、杂乱，进而影响消费者的浏览体验，因此在设计之初，设计人员就要保证内容精简、突出重点。

- 图片文件不要太大。为了保证消费者快速、流畅地浏览网店页面，设计人员应在确保图片清晰度的前提下，尽量不要使用太大的图片来占用空间，可以在设计时通过切片工具将页面切割成多个部分，或使用压缩工具对图片进行压缩，以减少图片占用的空间，提升消费者的视觉浏览体验。

- 页面色彩简洁而统一。简洁整齐、条理清晰的页面更容易让消费者一目了然，避免产生视觉疲劳，因此在进行网店页面设计时，设计人员要保证色彩简洁而统一，建议使用纯色或者浅色的图片来做背景，尽量减少使用的颜色种类，以免造成整个页面杂乱无章。此外，还应减少使用对比强烈、让人产生疲惫感的配色。

● 颜色不宜太暗淡。尽量调高图片的亮度和纯度，增加商品图片的通透性，确保消费者可以在各种条件下（省电模式、光线过强等）清晰地查看页面和商品。

● 部分模块重点展示。网店的商品分类、促销活动和优惠信息等消费者重点关注的信息要重点展示。

图4-6所示为"美的"品牌在天猫移动端的首页，从中可看出，其页面色彩搭配合理，图片清晰，文案卖点突出，每一屏的内容都展示不同的重点。同时，页面中的图片大都采用一栏或两栏的方式进行排版，在贴合移动端屏幕范围大小的同时，让商品和文案展现更加突出，让消费者更容易接收商品信息。

图4-6　"美的"品牌移动端首页

慕课视频

网店首页视觉设计

4.3　网店首页视觉设计

网店首页是网店形象的展示窗口，展示了网店的整体风格，是引导消费者、提高转化率和成交量的重要页面，其视觉设计的好坏直接影响网店品牌宣传的效果和买家的购物行为。网店首页主要包括店招、首页焦点图、优惠券、分类导航、活动展示5个模块，下面进行详细介绍。

4.3.1　网店首页视觉设计要点

合理的首页设计风格和布局能够带给消费者很好的购物体验，给消费者留下良好的印象。

在设计网店首页时，设计人员通常需注意以下6点。

- 网店风格在一定程度上影响着网店的布局方式，因此选择合适的网店风格是网店布局的前提。网店风格通常受品牌理念、商品信息、目标消费者、市场环境和季节等因素的影响，设计人员在选择网店风格时必须考虑这些因素，保证网店风格与其的统一。
- 网店的活动和优惠信息要放在重要位置，如轮播海报图或活动导航。这些图片或页面中的内容设计要清晰、一目了然，并且可读性要强。
- 在商品推荐模块中推荐的爆款或新款不宜过多，其他商品可通过商品分类或商品搜索将消费者引流至相应的分类页面中。
- 收藏、关注和客服等互动性版面是网店与消费者互动的销售利器，这些模块可以提升消费者的忠诚度，提高其二次购买率，因此是必不可少的。
- 使用搜索或商品分类时，需要将商品分门别类，详细地列举出商品类目，这样有助于消费者搜索，方便消费者快速找到喜欢的类目及商品。
- 商品页面的排版和布局要清晰明了、错落有致，可以使用列表式和图文搭配，降低消费者的视觉疲劳。

4.3.2 店招模块视觉设计

店招是网店的招牌，很大程度上构成了消费者对网店的第一印象。鲜明、有特色的店招对于网店品牌和商品定位有着不可替代的作用。

扩展阅读

淘宝电脑端店招视觉设计

店招模块一般包含网店名称、标志（Logo）、收藏与分享按钮、营销亮点、网店活动、背景图片等内容，但各电商平台上的网店所展示的店招尺寸和样式都有所不同，就淘宝平台的移动端而言，由于移动端店招底图的实际显示尺寸比较小，所以在设计时不宜太过花哨、繁杂，设计内容可从网店规模、网店风格、活动主题和网店商品出发，并结合网店现阶段的定位来进行内容的组合，一般来说，只要在不违背品牌形象和商品定位的前提下，合理安排视觉设计元素即可，图4-7所示的店招就通过视觉设计元素的组合体现了品牌形象、促销活动、热销商品和收藏网店等内容。

该店招使用了"双11"活动图来作为背景底图，不仅营造了"双11"的活动氛围，也让消费者了解到了活动信息，同时搭配网店商品，也在一定程度上起到了吸引消费者进店消费的作用。

图4-7 移动端店招模块

4.3.3 首页焦点图模块视觉设计

网店的首页焦点图模块可以快速聚焦消费者视线，展示网店的最新动态或活动信息，以吸引消费者继续浏览页面。首页焦点图可分为电脑端焦点图和移动端焦点图两种，电脑端的焦点图一般以全屏海报的形式进行呈现，不同电商平台所展示的海报尺寸是不同的，就天猫平台而言，图片宽度一般为1 920像素；而移动端首页焦点图的宽度多为640像素，如图4-8所示。

与电脑端的全屏海报相比，移动端焦点图为了适应移动设备的屏幕，其宽度更小，因此，焦点图两侧的留白较少，主要以商品和文案展示为主。在元素构图上，也由左图右文变成了上文下图的方式，这种方式可以让焦点图占满移动端页面的第一屏，在准确传递信息的基础上，以更突出的视觉冲击力来吸引消费者

图4-8　电脑端与移动端首页焦点图模块

4.3.4 优惠券模块视觉设计

优惠券是吸引消费者进店消费的一种常用的促销手段，优惠券模块是网店首页视觉设计中必不可少的模块之一。很多网店都先通过焦点图来吸引消费者视线，当消费者视线往下移动时则通过优惠信息来刺激消费者持续浏览页面信息。图4-9所示即为电脑端与移动端网店的优惠券模块，本例中直接将电脑端网店的优惠券作为移动端网店的优惠券，避免重复设计。

由于电脑端首页的优惠券通过两侧留白的方式来适应移动端的图片规范，所以可以直接将该优惠券作为移动端首页的设计，另外每一排的移动端优惠券数量最好不要超过3个，以免造成主要信息模糊。

图4-9　电脑端与移动端优惠券模块

4.3.5 分类导航模块视觉设计

一般情况下，网店首页在展示完网店的首页焦点图和优惠券后就会显示分类导航模块，该模块一般是网店主营商品系列的汇总展示，整个区域分类明确、效果美观，它能够让消费者更清晰、快捷地寻找到自己心仪的商品。在设计分类导航模块时，为了更好地发挥商品分类的作用，设计人员应以图片搭配简洁的文案为主，如图4-10所示。

该模块主要是根据网店内的商品品类来划分的，每一种分类都有一张代表图片，可以让消费者第一眼就了解到商品的内容，然后再添加简单的文案引导，使其更加完整和清晰。

图4-10　分类导航模块

4.3.6 活动展示模块视觉设计

活动展示模块一般位于分类导航模块之后，该模块可以根据活动内容划分为几个区域，如热销区、新品区等，一般以单栏展示或双栏展示为主。单栏展示是指以某一个热销商品或新品作为展示的重点，通过横排构图的方式占满设备的整个横屏，以重点突出该商品的活动力度，多用于移动端；双栏展示则是将屏幕一分为二，通过双栏排版的方式进行活动商品的呈现，多用于电脑端，如图4-11所示。

与电脑端活动展示模块相比，移动端活动展示模块更注重消费者的浏览体验，设计人员直接将电脑端活动展示模块两边的空白部分省略，并将电脑端商品的双栏展示精简为单栏展示，最后将其中的卖点、价格等信息通过加大字号的方式突显出来，使其更适合在移动端阅读。

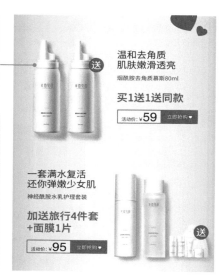

图4-11　电脑端与移动端活动展示模块

4.4 商品详情页视觉设计

　　商品详情页是是商品信息的详细展示区，是提高转化率的重要因素，甚至可以直接影响销售额的高低。其主要是通过图片、文字、视频等视觉化的呈现方式，将商品推荐给消费者，进而使消费者选择下单购买。下面从商品详情页的制作规范、内容安排和案例分析等方面来介绍商品详情页的视觉设计。

4.4.1 商品详情页的制作规范

　　好的商品详情页可以让消费者更加详细地了解商品的规格、颜色、细节等信息，为了使制作出的商品详情页规范、完整，设计人员在制作该页面时应注意以下4个方面的内容。

- 商品详情页的风格应该与店标风格、店招风格等一致，以免造成页面整体不协调的问题。
- 商品详情页的内容一般都比较多，为了避免消费者在浏览详情页时出现加载过慢的情况，设计人员在对其进行设计时最好不要使用太大的图片。
- 在店铺管理页面中直接制作商品详情页十分不方便，因此设计人员可先通过Photoshop制作好商品详情页，再进行上传。
- 商品详情页的尺寸一般没有具体要求，但其宽度一般为750像素。

4.4.2 商品详情页的内容安排

　　商品详情页页面包含了大量内容，为了充分展现出商品的价值，在设计商品详情页时设计人员应先对其内容进行合理安排。下面以一款棉袜商品为例，结合前面所介绍的知识，按照商品详情页的页面模块与信息文案来进行安排，如表4-2所示。

表 4-2　棉袜商品详情页页面内容安排表

页面模块	信息文案	设计思路
促销活动	买一送一，限量秒杀	突出优惠信息，引起消费者兴趣
商品形象展示	中筒棉质堆堆袜，质地柔软，吸汗透气	展示模特穿戴该商品的样式，用文案表达出卖点，同时突出商品形象
商品主要卖点	纯棉耐磨、不易起球、植物抑菌、时尚潮流	设计各卖点的不同展示画面，让消费者有一种物超所值的感觉，有继续往下看的欲望
商品信息展示	商品名称、款式、面料、尺码、缝线工艺、颜色	结合图片、文字和小图标，使其简单明确、一目了然
需求引导	保暖舒适、多种组合搭配，满足日常所需	结合冬日寒冷的场景突出商品的保暖性，结合模特的穿着展示不同的日常搭配
商品细节	手工缝合袜尖，袜跟加固，弹力袜口	展示各部分的细节图
商品实拍展示	无	展示不同颜色的棉袜穿着效果

4.4.3 商品详情页视觉设计案例分析

1. 案例介绍

本例中的商品是"强生中国官方旗舰店"的一款热销商品，该网店主要销售湿巾、洗发水、沐浴露等商品，目标消费人群多为年轻女性。图4-12所示为该网店中一款沐浴露的商品详情页，该商品详情页主要包括焦点图、卖点图、产品信息图、需求引导图及产品细节图，下面对其整体的视觉设计进行分析。

2. 分析思路

为了抓住女性消费人群，本例以粉色调为整体色调，给消费者带来一种香甜、舒适的视觉感受，同时将白色、黑色作为辅助色来突显商品信息，字体的选择上采用了字形较方正、纤细的字体，整体给人一种秀气、端庄的感觉。整个详情页的内容主要根据商品详情页的逻辑规划进行安排，第1张焦点图引起消费者的注意，第2、3张卖点图和产品信息图引起消费者的兴趣，第4张需求引导图唤起消费者的购买欲望，最后一张产品细节图加深消费者的印象。

① 焦点图：主要通过商品、背景及文案的搭配来进行展现，并且粉色色调的搭配不仅与商品形象相统一，更突出了商品"蜜桃"香味的特点。

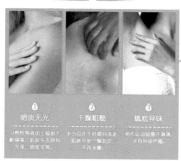

③ 产品信息图：结合了文字、商品形象和图标来展现其主要信息，让消费者更加了解该商品。

④ 需求引导图：先通过问答来引起消费者的共鸣，再通过一些皮肤问题图片的展现及文案的描述让消费者觉得该商品正是自己所需要的。

② 卖点图：结合文字、图片展示了商品的3个主要卖点，能够快速引起消费者的兴趣，并且简单明确、一目了然。

⑤ 产品细节图：主要通过沐浴露的正面形象、泵头及液体质感来进行展现。

图4-12　网店详情页视觉设计分析

项目一▶食品类网店首页视觉设计 ···

⊛ **项目要求**

结合本单元所学知识，利用Photoshop CC设计一个食品类网店的移动端首页，要求其内容必须包含店招、首页焦点图、优惠券、分类导航和活动展示5个主要模块，并通过设计该首页页面提高素材搜集的能力，掌握网店首页的设计方法。

⊛ **项目目的**

本例将运用互联网设计思维，根据提供的素材文件（配套资源:\素材文件\第4章\首页设计辅助素材），制作一个食品类商品的移动端首页，图4-13所示即为移动端首页视觉设计过程中可能用到的辅助素材，可在此基础上进行店铺首页风格的定位和扩展。

通过本例对互联网视觉设计的基本要素，如色彩、构图、文字等相关知识进行巩固，再灵活运用本单元所学的关于网店页面和首页视觉设计的相关知识，并掌握网店首页的构思与设计方法。

图4-13　首页设计辅助素材

⊛ **项目分析**

网店首页视觉设计是网店形象的重要展示窗口，可以直接决定消费者对网店的关注度和停留时间，不同的网店类型其首页页面的设计风格也会不同。对于食品类的网店来说，其目标消费群体一般是年轻消费者，他们对商品有很高的质量要求，更喜欢自然、健康的食品。因此，在设计网店首页的视觉效果时，应该从商品质量的角度入手，在保证视觉页面美观性的前提下，通过展示商品质量来增强消费者的购买决心，然后通过优惠信息来刺激消费者，最终促成交易。

本例的食品类网店首页可分为店招、首页焦点图、优惠券、分类导航和活动展示5个部分。食品类网店多以暖色调为主，如红色、黄色和棕色等，这里选择浅红色来进行主色调渲染，以吸引消费者视线；选择棕色作为辅助色，以与商品颜色和辅助设计素材相匹配，加强页面的整体关联性；选择白色、黄色、黑色等颜色作为点缀色，以丰富页面并凸显文案的重点信息。同时，还可搭配一些装饰性元素来丰富并活跃版面，使页面结构更加灵动，图4-14所示即为按照该思路设计的移动端首页部分参考效果。

图4-14　食品类网店首页设计效果展示

⊛ 项目思路

在进行网店首页视觉设计前需要先运用互联网的设计思维对网店进行专业的分析，从网店的风格分析到字体、颜色、元素的选择与搭配，再到首页页面的整体设计，将整个项目思路串联，最终完成设计。其思路如下。

（1）确定首页视觉标准。为了体现食品的美味，本例采用浅红色为主色，棕色为辅助色，白色、黄色、黑色为点缀色，以突出重要信息，整体带来一种清爽、自然的视觉感受。字体采用较为方正的字体系列，给消费者一种正式感和美的视觉享受，如黑体、方正小标宋简体等。

（2）店招视觉设计。本例中的店招主要采用黄色为背景色，以棕色为文字颜色展开设计，其中主要包括网店名称、网店活动和网店推广商品，辅以红色文字作为点缀色，突出重点文字信息。

（3）首页焦点图视觉设计。本例的首页焦点图在首页视觉设计的标准下，以浅红色和白色为文字颜色展开设计，用一张有多种绿色食品的商品图片作为背景，通过运用一些装饰元素和卖点来打造具有吸引力的视觉焦点图，如"品质生活 零食新定义""至臻美味"等。

（4）优惠券视觉设计。本例设计了3张优惠券，每张优惠券中标明了使用条件和面额，如"满99元减10元""满399元减30元""满599元减50元"；在设计时使用浅红色作为优惠券主色，白色作为文字颜色，以突出显示优惠信息；同时，添加黄色的"点击领取"按钮作为点缀，增加页面效果。

（5）分类导航视觉设计。本例中的分类导航模块是将网店中所有的商品按照一定的标准进行分类，这些分类可以作为导航内容的依据，帮助消费者快速找到符合他们需要的商品。在设计时设计人员将网店中具有代表性的商品直观地展示在分类导航模块中，清晰地反映了网店的核心经营内容；同时，添加红色爱心作为点缀，让整个设计风格更加美观、统一。

（6）活动展示视觉设计。本例主要以推荐商品的方式来进行新品、热销商品的视觉设计，所占用的版面较多，给消费者的视觉冲击力更强，其中分别设计了两个新品商品和两个热销商品，每款商品都以醒目的商品图片、商品名称、商品卖点和商品价格为主要展示内容；同时，为了区别不同的商品，其版式也有细微的调整，以减少消费者的视觉疲劳感。

⊛ 项目实施

网店首页的设计思路分析完成后即可进行移动端首页的视觉设计，其具体操作如下。

慕课视频

食品类网店首页视觉设计

（1）在Photoshop CC中新建大小为750像素×3 500像素、分辨率为72像素/英寸、名为"食品类移动端网店首页"的文件。

（2）制作店招。新建图层，选择"矩形选框工具"，在工具属性栏中将"样式"设置为"固定大小"，"宽度"设置为"750像素"，"高度"设置为"580像素"，在文件左上角的灰色区域单击创建选区，并将该选区颜色填充为"#f7d956"，完成后按【Ctrl+D】组合键取消选区。选择"矩形工具"，在工具属性栏中将描边颜色设置为"#ffffff"，描边宽度设置为"6像素"，取消填充，在图像的中间位置绘制大小为721像素×552像素的矩形，按【Ctrl+J】组合键复制该图层，将描边宽度设置为"2像素"，描边颜色为"#824f2f"，并缩小该矩形的大小，如图4-15所示。

（3）打开"零食.psd"图像文件（配套资源:\素材文件\第4章\首页设计辅助素材\零食.psd），将其拖动到图像中，调整大小和位置。选择"矩形工具"，在零食图片上方绘制大小为548像素×174像素、颜色为"#ffffff"的矩形，按【Ctrl+J】组合键复制该图层，选择复制的图层，将描边宽度设置为"2像素"，描边颜色为"#824f2f"，取消填充，并缩小该矩形的大小，调整图层顺序，效果如图4-16所示。

图4-15　绘制矩形

图4-16　添加素材并绘制矩形

（4）选择"横排文字工具" ，在白色矩形上方输入图4-17所示的文本，并设置字体为"Adobe 黑体 Std"，字体颜色为"#824e2f"，调整字体大小与位置。

（5）修改第3排文本的字体颜色为"#f90101"，打开"背景.png"图像文件（配套资源:\素材文件\第4章\首页设计辅助素材\背景.png），将其拖动到图像中，对其进行复制并调整大小和位置，如图4-18所示。

图4-17　输入文本

图4-18　调整文本颜色并添加背景

（6）制作首页焦点图。打开"焦点图.jpg"图像文件（配套资源:\素材文件\第4章\首页设计辅助素材\焦点图.jpg），将其拖动到店招下方，调整大小和位置。选择"横排文字工具" ，在焦点图中心空白处输入图4-19所示的文本，并设置字体为"Adobe 黑体 Std"，字体颜色为"#dd5858"，调整字体大小与位置。

（7）选择"圆角矩形工具" ，将填充色设置为"#dd5858"，在"品质生活 零食新定义"文本图层下方绘制半径为"30像素"的圆角矩形，并将"品质生活 零食新定义"文本的字体颜色修改为"ffffff"。选择"椭圆工具" ，将填充色设置为"#dd5858"，按住【Shift】键，在"至臻美味"文本图层下绘制圆形，并将"至臻美味"文本的字体颜色修改为"ffffff"，选择"直线工具" ，在第3排文字的下方分别绘制两条360像素×3像素的直线，并设置颜色为"#dd5858"，如图4-20所示。

图4-19　输入文本

图4-20　绘制装饰素材

（8）制作优惠券模块。选择"横排文字工具" ，在首页焦点图下方空白处的左侧输入"COUPOUS 先领券 再购物"文本，并设置字体为"Adobe 黑体 Std"，其中英文文本的字体颜色为"#000000"，中文文本的字体颜色为"#dd5858"，调整字体大小与位置，效果如图4-21所示。

（9）选择"矩形工具" ，在文字右侧绘制大小为188像素×268像素、颜色为"#dd5858"的矩形。选择"椭圆工具" ，在工具属性栏中取消填充颜色，将描边粗细设置为"3点"，描边颜色设置为"#ffffff"，按【Shift】键在矩形右侧绘制圆。选择"横排文字工具" ，在圆中输入"券"文字，将字体设置为"黑体"，字号设置为"136点"，文本颜色设置为"#ffffff"，效果如图4-22所示。

（10）按【Ctrl+E】组合键合并圆和文本图层，在合并后的图层上单击鼠标右键，在弹出的快捷菜单中选择"创建剪贴蒙版"命令，将其裁剪到红色矩形中，设置图层不透明度为"15%"。选择"横排文字工具" ，设置字体为"方正大标宋简体"，字体颜色为"#ffffff"，输入"10 RMB"文本，调整文本大小与位置，继续输入其他文本并将字体设置为"黑体"，效果如图4-23所示。

图4-21　输入文本

图4-22　绘制矩形

图4-23　调整文字大小

（11）选择"直线工具" ，在"RMB"文本的下方绘制1条白色直线，选择"圆角矩形工具" ，将填充色设置为"#fdc823"，在"点击领取"文本图层下方绘制半径为"30像素"的圆角矩形，并为其添加投影，将"点击领取"文本的字体颜色修改为"#000000"，效果如图4-24所示。

（12）全选优惠券内容，按【Ctrl+G】组合键将优惠券内容放置到新建的组中，选择图层

电商视觉设计

组，按住【Alt】键向右拖动复制2个图层组，修改优惠券中的信息，如图4-25所示。

图4-24 绘制圆角矩形

图4-25 修改优惠券内容

（13）制作分类导航模块。打开"分类.psd"图像文件（配套资源:\素材文件\第4章\首页设计辅助素材\分类.psd），将其拖动到优惠券下方，调整大小和位置，选择"矩形工具"，在左上角图片中间绘制一个颜色为"#ffffff"的矩形，调整大小与位置，选择"横排文字工具"，在工具属性栏中设置字体为"方正准圆简体"，字体颜色为"#2a2a2a"，在白色矩形上方输入图4-26所示的文本，调整文本大小与位置。

（14）选择"自定形状工具"，在工具属性栏中设置形状的填充颜色为"#ff0000"，取消描边，形状为"红心形卡"，在英文文本下方绘制心形形状，选择矩形、文本和形状图层，按【Ctrl+G】组合键将其放置到新建的组中，选择图层组，按住【Alt】键拖动复制2个图层组，修改其中的内容，如图4-27所示。

图4-26 绘制矩形并输入文本

图4-27 绘制心形并修改文本

（15）制作活动展示模块。打开"标题背景.png"图像文件（配套资源:\素材文件\第4章\首页设计辅助素材\标题背景.png），将其拖动到分类导航模块下方，调整大小和位置。选择"横排文字工具"，在工具属性栏中设置字体为"Adobe 黑体 Std"，字体颜色为"#ffffff"，在图像上方输入图4-28所示的文本，调整文本大小与位置。

（16）选择"圆角矩形工具"，将填充色设置为"#f7d956"，在第3排文本图层下方绘制半径为"30像素"的圆角矩形，并将第3排文本的字体颜色修改为"#000000"，效果如图4-29所示。选择背景、文字和图角矩形图层，按【Ctrl+G】组合键将图层放置到新建的组中，将该图层组的名称修改为"标题"。

图4-28　添加素材并输入文本	图4-29　绘制圆角矩形

（17）打开"新品.psd"图像文件（配套资源:\素材文件\第4章\首页设计辅助素材\新品.psd），将其拖动到标题下方，调整大小和位置。选择"横排文字工具" T，在第1张图片右侧输入图4-30所示的文本，其中第1排和第3排文本的字体为"黑体"，字体颜色为"#454545"，其余文本的字体为"方正小标宋简体"，字体颜色为"#78442f"。

（18）打开"按钮.png"图像文件（配套资源:\素材文件\第4章\首页设计辅助素材\按钮.png），将其拖动到"暖心价"文本下方，调整大小和位置。选择"横排文字工具" T，在按钮图片上方输入"立即抢购"文本。

（19）选择文本和按钮图片图层，按【Ctrl+G】组合键将图层放置到新建的组中，按住【Alt】键将其拖动复制到第2张图片左侧，修改其中的内容。如图4-31所示。

图4-30　添加素材并输入文本	图4-31　添加素材并调整文本大小

（20）选择标题图层组，按住【Alt】键将其拖动复制到新品推荐内容的下方，并修改其中的文本内容，如图4-32所示。

（21）选择"圆角矩形工具" ▢，在标题下方绘制两个颜色为"#f8fbed"、半径为30像素的圆角矩形，并为其添加投影。打开"热销.psd"图像文件（配套资源:\素材文件\第4章\首页设计辅助素材\热销.psd），将其拖动到圆角矩形上方，调整大小与位置，如图4-33所示。

图4-32　修改标题文本	图4-33　绘制矩形并添加素材

（22）选择"横排文字工具" T ，在工具属性栏中设置字体为"Adobe 黑体 Std"，字体颜色为"#78442f"，在图片下方输入图4-34所示的文本。

（23）将"按钮.png"图像文件中的按钮图片移动到价格文本右侧，并在按钮图片上方输入"立即抢购"文本。选择文本与按钮图片图层，按住【Alt】键将其向右拖动复制到右侧的圆角矩形中，并修改其中的文本内容，完成后保存图像，查看完成后的效果（配套资源:\效果文件\第4章\食品类移动端网店首页.psd），如图4-35所示。

图4-34　输入文本

图4-35　复制素材并修改文本大小

项目二 ▶ 坚果商品详情页视觉设计

⊛ 项目要求

运用本单元所学知识，利用Photoshop CC设计一个坚果商品详情页，内容可分为4个模块，其中包含商品焦点图、商品参数图、商品卖点图、商品实拍展示图，并通过设计该详情页了解商品详情页的基本组成部分，掌握商品详情页的制作方法。

⊛ 项目目的

本例是根据提供的素材文件（配套资源:\素材文件\第4章\详情页设计辅助素材），为其中一款商品制作移动端详情页。要求按照详情页的逻辑结构来进行布局，然后进行每个区域的视觉设计。图4-36所示为移动端商品详情页视觉设计过程中可能用到的辅助素材，可在此基础上进行商品详情页风格的定位和扩展。

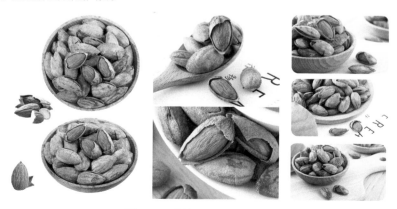

图4-36　详情页设计辅助素材

⊛ **项目分析**

　　商品详情页是商品展示的重中之重，在设计时设计人员要注意，详情页的内容不仅要告诉消费者本商品该如何使用，而且要说明该商品在什么情况下使用会产生怎样的效果。详情页是提高转化率的关键性因素，好的商品详情页不但能激发消费者的消费欲望、树立消费者对店铺的信任感，还能打消消费者的消费疑虑，促使其下单。

　　在设计商品详情页时，可根据商品详情页"引起注意→引起兴趣→唤起欲望→加深记忆→决定购买"的逻辑结构来进行详情页的构建与设计。为了让商品图片与辅助设计素材相匹配，在色彩的选择上主要采用了棕色和黄色作为主色调；其次，在结构划分上，本例简单地将其划分为商品焦点图、商品参数图、商品卖点图、商品实拍展示图4个部分，然后结合详情页的设计要点进行设计，图4-37所示为本例的设计参考效果。

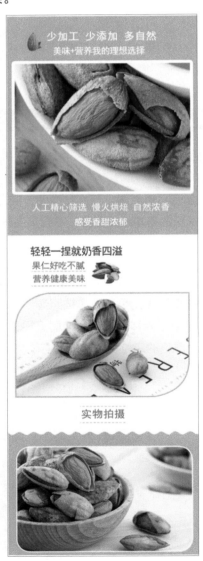

图4-37　坚果商品详情页设计效果展示

☸ 项目思路

在进行商品详情页视觉设计前需要先根据商品的内容来确定详情页的主题风格定位，再针对商品详情页的各个部分进行设计。其思路如下。

（1）确定详情页主题风格定位。本例直接以商品主体的颜色进行详情页主题风格的定位，选择黄色作为主色调，体现与商品之间的关联；选择白色作为辅助色，以降低黄色对消费者视觉感官的冲击，调和整体色调；选择深棕色、绿色等颜色作为点缀色，使详情页页面不失灵动与活泼。

（2）商品焦点图视觉设计。本例以商品主形象图作为移动端详情页的首屏，选择木纹、纸制品和绿叶等素材进行首屏背景的构建，然后将高质量的商品大图放在首屏的正中间，以突出商品，让消费者感受到商品的质量，最后在商品上方添加商品卖点描述文案，如"皮薄仁大好品质""香脆干爽不沾手"等。

（3）商品参数图视觉设计。本例通过整齐排列、主次有序的文字来进行商品信息的说明，下方再配上对应的商品图片来减少文字带来的枯燥感，在提升页面视觉美观度的同时让消费者对商品有更直观的了解，从而让卖点和营销更具有参考性和吸引力。

（4）商品卖点图视觉设计。本例以图文搭配为原则，通过局部放大的商品细节来让消费者感受商品的质量，然后在商品上方以简明扼要的文案说明商品卖点，如"少加工 少添加 多自然"等，最后搭配黄色底纹来凸显商品的细节和质感，同时以白底黄边的不规则图形进行间隔展示，以提升消费者的阅读体验。

（5）商品实拍展示图视觉设计。商品实拍展示图一般作为商品详情页的最后一部分，本例将以实物展示作为商品详情页的最后一段内容，在符合整体色调的基础上，以黄色底纹作为衬托，以白边来凸显商品实拍图片。

☸ 项目实施

本例主要根据商品详情页的项目思路，将坚果商品详情页划分为商品焦点图、商品参数图、商品卖点图和商品实拍展示图4个部分，每个部分都在遵循商品健康、美味的特点的基础上进行设计，其具体操作如下。

慕课视频

坚果商品详情页视觉设计

（1）在Photoshop CC中新建大小为750像素×5 403像素、分辨率为72像素/英寸、名为"坚果商品详情页视觉设计"的文件。

（2）制作商品焦点图。打开"焦点图背景.jpg"图像文件（配套资源:\素材文件\第4章\详情页设计辅助素材\焦点图背景.jpg），将其拖动到图像上方，调整大小和位置，选择"横排文字工具" **T**，在工具属性栏中设置字体为"文鼎ＰＯＰ-4"，字体颜色为"#784f31"，输入图4-38所示的文字，调整字体大小位置。

（3）选择"直线工具" **∕**，在小字的上下部分绘制两条粗细为"2.5像素"的虚线，并设置描边颜色为"#6a3906"，如图4-39所示。

图4-38　添加素材并输入文本

图4-39　绘制线条

（4）制作商品参数图。选择"圆角矩形工具" ，在焦点图下方绘制两个颜色为"#fcbe07"、半径为15像素的圆角矩形，打开"坚果素材1.jpg"图像文件（配套资源:\素材文件\第4章\详情页设计辅助素材\坚果素材1.jpg），将其拖动到圆角矩形下方，调整大小和位置。选择"横排文字工具" ，在工具属性栏中设置字体为"黑体"，输入图4-40所示的文字，设置参数字体颜色为"#604002"，其他字体颜色为"#9e816c"，调整字体大小和位置。

（5）选择"直线工具" ，在"商品参数"和"个大壳薄品质佳"的上下部分绘制两条粗细为"2.5像素"的虚线，并设置描边颜色为"#fcbe07"，如图4-41所示。

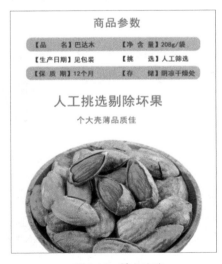
图4-40　输入文本

图4-41　绘制线条

（6）制作商品卖点图。选择"矩形工具" ，在商品参数图下方绘制大小为750像素×

900像素、颜色为"#fcbe07"的矩形。打开"坚果素材2.jpg"图像文件（配套资源:\素材文件\第4章\坚果素材2.jpg），将其拖动到图像中调整位置和大小，并设置描边大小为"12像素"，颜色为"#ffffff"，如图4-42所示。

（7）打开"坚果小素材.psd"图像文件（配套资源:\素材文件\第4章\详情页设计辅助素材\坚果小素材.psd），将一个小坚果拖动到图像左上角，选择"横排文字工具"，在工具属性栏中设置字体为"黑体"，字体颜色为"#ffffff"，输入图4-43所示的文本。

图4-42 添加素材

图4-43 输入文本

（8）打开"坚果素材3.jpg"图像文件（配套资源:\素材文件\第4章\详情页设计辅助素材\坚果素材3.jpg），将其拖动到底部文本下方，调整位置和大小。选择"横排文字工具"，输入图4-44所示的文本，再在工具属性栏中设置字体为"黑体"，设置"轻轻一捏就奶香四溢"字体颜色为"#854c23"，其他字体颜色为"#9e816c"，调整字体大小和位置。

（9）将"坚果小素材.psd"图像文件中的另一个小坚果拖动到上方文本的右侧，选择"直线工具"，在文本的下方绘制两条粗细为"2.5像素"的虚线，并设置描边颜色为"#fcbe07"，如图4-45所示。

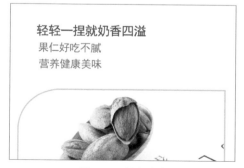
图4-44 输入文本

图4-45 添加装饰素材

（10）制作商品实拍展示图。新建图层，选择"钢笔工具" ，在新建图层中绘制形状，再将其转换为选区，并填充为"#fcbe07"颜色，打开"坚果素材4.psd"图像文件（配套资源:\素材文件\第4章\详情页设计辅助素材\坚果素材4.psd），将其中的图片依次拖动到矩形中，调整位置和大小，如图4-46所示。

（11）选择"横排文字工具" ，在图像的白色区域输入"实物拍摄"文本，完成后调整字体颜色和大小，并在上下位置绘制两条粗细为"2.5像素"的虚线。继续在素材的中间空白区域输入其他文本，字体为"黑体"，字体颜色为"#ffffff"，完成后保存文件，查看完成后的效果（配套资源:\效果文件\第4章\坚果商品详情页视觉设计.psd），如图4-47所示。

图4-46 输入"实物拍摄"文本

图4-47 输入其他文本

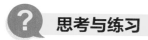

思考与练习

1. 结合前面制作的项目设计案例说说你对网店首页和商品详情页的印象。

2. 网店首页与商品详情页对网店营销各有什么作用?

3. 请列举几个经典的网店首页与商品详情页,并分析其结构。

4. 根据提供的素材文件(配套资源:\素材文件\第4章\毛巾详情页)制作移动端毛巾详情页,按照商品焦点图→商品卖点图→商品信息展示图→商品展示图的步骤依次进行详情页的制作,参考效果如图4-48所示(配套资源:\效果文件\第4章\移动端毛巾详情页.psd)。

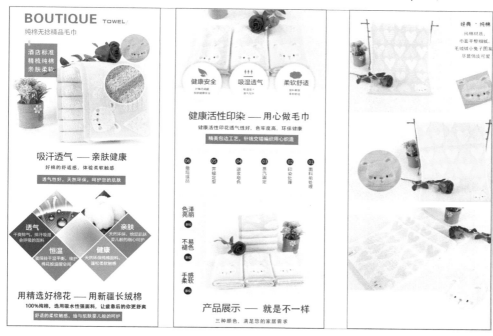

图4-48　移动端毛巾详情页效果

Chapter

5

第5章
微信公众号视觉设计

5.1 了解微信公众号
5.2 微信公众号的视觉设计流程
5.3 微信公众号各版块视觉设计

学习引导

	知识目标	能力目标	情感目标
学习目标	1. 了解微信公众号的类型与功能 2. 了解微信公众号的设置与视觉设计元素 3. 了解微信公众号的视觉设计流程	1. 能够运用微信公众号的视觉设计流程设计公众号页面 2. 会设计出不同风格的微信公众号页面	1. 培养收集素材与运用素材的能力 2. 培养细致的观察与分析能力 3. 培养良好的营销与设计能力
实训项目	"食味坊"微信公众号页面设计		

微信公众号是微信平台中一个重要的内容组成，也是个人生活和企业发展的常用工具。随着互联网的发展与消费者审美水平的提高，微信公众号的视觉呈现已不能只满足功能上的需求，还需要具有设计感与美观性，因此其视觉设计需要跟上互联网的发展趋势，把握消费者的市场需求。本单元将从微信公众号的视觉设计角度进行介绍。

5.1 了解微信公众号

慕课视频

了解微信公众号

微信公众号是在微信公众平台上申请的应用账号，微信公众平台是腾讯公司在微信基础上开发的功能模块，通过微信公众平台，个人和企业都可以打造自己专属的特色公众号，在公众号上通过文字、图像、语音、视频等形式，与特定群体进行全方位的沟通和互动。本节将对微信公众号的类型、功能、设置和设计元素等知识进行介绍。

5.1.1 微信公众号的类型

"再小的个体，也有自己的品牌"，这是微信公众平台的官方广告，是指通过微信公众平台，每一个人都会有创立自己品牌的机会，因此微信公众号所面对的消费群体不单是某个企业、媒体、政府等，还包括普通个人用户。微信公众平台为广大消费群体提供了服务号、订阅号、小程序和企业微信这4种微信公众号类型，如图5-1所示，每一种类型的使用方式、功能、特点均不相同，用户可根据自己的实际需要进行选择，下面进行详细介绍。

图5-1　公众号类型

1. 服务号

服务号是为了向企业和其他组织提供更强大的业务服务与用户管理而开发的，其服务效率比较高，主要偏向于服务交互，如银行、114等提供服务查询的用户类型适合选择服务号，客户服务需求高的企业也可开通服务号。服务号认证前后每个月可群发4条消息，还可开通微信支付功能。服务号非常注重为消费者提供优质的服务，图5-2所示为服务号"中国建设银行"，关注该公众号后再绑定中国建设银行的卡，即可查询、办理相关业务。

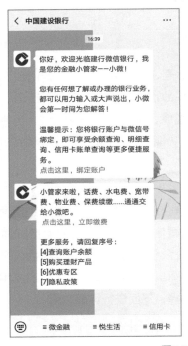

图5-2　服务号

2. 订阅号

订阅号是为媒体和个人提供的一种新的信息传播方式，具有信息发布和传播的能力，可以展示用户的个性、特色和理念，树立自己的品牌文化。订阅号主要偏向于为消费者传达资讯（类似报纸、杂志），认证前后每天可以群发一条消息，具有较大的传播空间，如果想简单地发送消息，达到宣传效果，建议选择订阅号。查看订阅号消息的过程如图5-3所示，点开"订阅号消息"栏就能够看到自己关注的所有订阅号，单击任意一条订阅号消息即可跳转到相应的具体页面，而如果订阅号显示有新消息，对应的头像下方将出现一个绿色的小点。

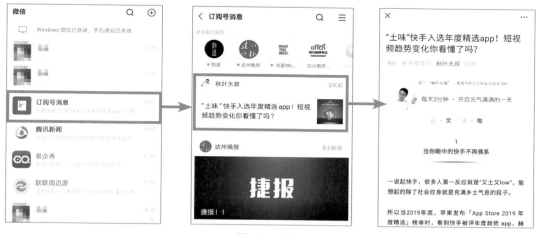

图5-3　订阅号

3. 小程序

小程序是微信团队在2017年1月正式发布的产品，它可以让消费者在微信中体验到App的基本功能，而不需要重新下载和安装App，且操作简单、功能丰富。由于小程序可以被便捷地获取与传播，所以比较适合有服务内容的企业和组织。选择小程序的界面和使用方法与App类似，图5-4所示为4个已经发布的小程序界面。

图5-4　小程序

4. 企业微信

企业号主要用于公司内部通信使用，是针对大型公司、政府所开发的，具有实现企业内部沟通与内部协同管理的能力，用户需要先验证身份才可以成功关注企业号，保密性比较强。

5.1.2 微信公众号的功能

消费者对于微信公众号的功能要求是比较高的，如果某公众号的功能比较方便，可以满足消费者的具体需求，或为消费者提供某些具体服务，就很容易吸引消费者的关注。例如，某知识分享公众号，在分享信息的同时，还会为消费者提供一些模板、素材、学习资料的下载服务，这可以吸引需要这些资料的消费者，所以公众号功能的设置非常重要。

公众号的功能设置应该从公众号所服务的产品出发，联想和结合消费者使用公众号的场景，设想消费者在什么时候、什么情况下会使用该公众号，然后根据各个具体场景整理出服务内容，设计出公众号功能。例如，一个餐饮公众号，消费者使用该公众号的场景多为预约、订餐、导航、用餐提醒等，因此可以为公众号设置在线预订、排队提醒、最佳优惠、免费Wi-Fi、门店导航、订餐电话等功能。图5-5所示为"金山PDF"公众号和"WPS办公助手"公众号的功能设置。

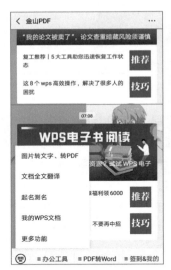

图5-5　微信公众号的功能

5.1.3 微信公众号的设置

微信公众号的设置是其视觉设计中非常重要的一个环节，其主要包括名称、头像、二维码，下面进行介绍。

1. 微信公众号的名称

微信公众号的名称是用户识别公众号的重要标志之一，也是直接与公众号搜索相关联的关键部分。从某种角度来说，微信公众号的名称就是品牌标签，因此名称的设置与营销效果息息相关。

　　微信公众号的名称设置方法与微信个人号基本类似，基本要求为统一、简洁、便于搜索、注明功能等。

- 统一。统一是指保证微信公众号的名称与其在其他媒体平台的名称相一致，特别是已经积累了一定影响力和知名度，或者有个人品牌的用户。一般来说，企业、媒体、名人、平台等都会采用完全统一的命名方式，图5-6所示为抖音短视频在微博和微信公众号上的名称。

图5-6　不同平台上的相同名称

- 简洁。简洁是指公众号要便于用户记忆和识别。在简洁的基础上，用户也可以进行一些个性化的优化，以给消费者留下深刻印象。
- 便于搜索。便于搜索是指很多消费者在添加公众号时，都会使用搜索公众号名称的方式，如果公众号名称过于拗口、有生僻字或有不方便记忆的外国文字，就很容易影响搜索结果，从而损失掉一部分的粉丝。
- 注明功能。注明功能是指公众号名称要与产品产生联系，如一个服装搭配的公众号，可以叫"××穿搭""教你日常穿搭""××穿搭札记"等，让消费者可以通过名字快速了解公众号的性质，图5-7所示即为介绍美食的公众号简介。

图5-7　注明功能的微信公众号

2. 微信公众号的头像

　　头像也是微信公众号的重要标志之一，代表了公众号的个性和风格，展现了公众号的品牌形象，同时还能方便消费者对公众号进行认知和识别。公众号头像主要有Logo、个人头像、文字、卡通形象、知名角色等几种主要类型。

- Logo。Logo一般指品牌Logo，拥有品牌的企业或个人可将Logo作为公众号头像，图5-8所示即为"迪奥""麦当劳""星巴克"等品牌的微信公众号，它们均使用了自己的品牌Logo作为头像。

图5-8　用Logo作为头像

● 个人头像。很多自媒体、明星、名人等都会将自己的照片作为公众号头像，图5-9所示为一些自媒体和名人的公众号头像。

图5-9　用个人照片作为头像

● 文字。设计精美的中文、中英文组合等都是比较常见的头像样式，图5-10所示即为使用文字作为公众号头像。

图5-10　用文字作为头像

● 卡通形象。很多自媒体、创意公司、行业名人，甚至政府、学校等官方组织，都会为自己设计一个专属的卡通头像，这类头像通常具有极高的辨识度，图5-11所示即为使用个性卡通角色作为公众号头像。

图5-11　用卡通形象作为头像

● 知名角色。知名角色是指著名的电影、电视剧、动画、历史中的角色，这种角色比较具有知名度和辨识度，容易引起消费者的注意，也能更好地表达公众号的定位，图5-12所示即为使用知名角色作为公众号头像。

图5-12　用知名角色作为头像

3. 微信公众号的二维码

每一个微信公众号都有一个专属的二维码，用户通过对二维码进行分享和推广，可以让更多人关注自己的公众号。微信公众平台提供了二维码尺寸设置和下载功能，用户可以根据自己的推广需要，设置尺寸合适的二维码，还可对二维码图片的效果进行美化。二维码的重新设计可以结合自己的品牌特色，添加一些可以展示品牌特性的元素，使其更具个性化，如地产类型公众号的二维码可以设计一些建筑，娱乐类型公众号的二维码可以设计一些卡通形象等。图5-13所示为一些个性化二维码的设计。

图5-13　个性化二维码

5.1.4 微信公众号的视觉设计元素

一个微信公众号能快速吸引消费者的关注，除了高质量的文章内容外，还需要舒适、美观的视觉设计。而优质的视觉效果与呈现则需要设计人员充分了解和运用微信公众号的视觉设计元素，下面进行详细介绍。

1. 配色

公众号推送文章的配色一般使用与品牌相关的颜色，与品牌保持一致，如果没有品牌色，也建议使用比较统一的色调，作为公众号的代表色，以提高辨识度。在一篇推送文章中，颜色不宜使用过多，如不超过3种，同时尽量使用温和的颜色，否则很容易降低消费者的阅读体验。如果文章中需要插入图片，文字颜色也应该与图片相匹配。总之，配色主要遵循两个原则，即整体尽量保持统一，局部使用特殊色强调。

2. 排版

为了保证推送文章整体美观易读，且能清晰地传达出文章有价值的信息，设计人员在进行排版时需要遵循对齐、对比、统一的原则。

对齐主要包括左对齐、右对齐和居中对齐3种形式。一般默认为左对齐。这种排版方式比较符合消费者的阅读习惯，可以使其阅读更轻松；右对齐的方式比较新颖，有时尚感和现代感；居中对齐的方式也比较常见，主要是让消费者的视线更加集中、整体感更强。设计人员在具体设计过程中可以根据内容需要选择合适的对齐方式，也可混合使用，图5-14所示的左图为左对齐和居中对齐混合的排版方式。对比主要是指标题与正文的对比、重点内容与普通内容的对比。体现标题、正文、重点内容的对比性，可以使文章更加有条理，也更美观易读，图5-14所示的中间图为文章标题与正文的对比。统一是指排版样式统一，包括正文内容字体样式一致、重点内容字体样式一致、行距一致、风格一致等，图5-14所示的右图文章即为排版统一。

图5-14　排版

 高手点拨

　　好的排版不仅可以增加文章的可读性，还能形成自己的个人风格，与其他公众号产生区别。部分公众号在文章中除了使用图片外，还会使用一些有趣的表情、诙谐的语言，营造出更轻松、更贴近消费者的阅读氛围，深受很大一部分消费者的喜爱。为了让文章的排版更丰富、美观，还可以使用一些排版工具，如秀米编辑器、135编辑器等均为用户提供丰富的版式效果，能有效提高用户的排版效率。

慕课视频

微信公众号的视觉设计流程

5.2　微信公众号的视觉设计流程

　　微信公众号的视觉设计流程可以从4个方向出发，首先分析消费者的需求来明确设计方向，其次分析竞争对手，取长补短，避免微信公众号的同质化，然后再制定适合自身发展、符合自身形象的风格和定位，最后通过这种风格和定位去吸引消费者，完成草案设计。

5.2.1　分析消费者需求

　　在这个信息爆炸的时代，网络中每天传播的信息非常多，只有准确地将信息传达给需要它的消费者，才能快速取得原始资源，为公众号的进一步发展累积动力。要明确目标消费者的需求，首先要从消费者的角度出发，了解他们关注公众号的目的，公众号只有满足了消费者的某种需求，才能留住消费者，设计人员可根据不同的消费者需求来设计出他们喜欢的风格、特色和服务。消费者需求一般可分为内容需求、服务需求、消费需求3种类型，下面进行详细介绍。

1. 内容需求

　　有内容需求的消费者关注公众号的目的是查看优质内容，因此其视觉设计应以优质内容为依托，不同的内容会有不同的视觉效果，下面以垂直行业内容和泛娱乐内容为例进行分析。

80

垂直行业内容是指对一个专业领域有帮助的内容，如技能培训、专业知识等即为垂直领域的资讯。这类内容的消费者希望通过该公众号得到有益于自我提升的相关知识，因此其视觉设计应该内容层次清晰、简明扼要，可以精准地呈现出消费者想要看到的内容。泛娱乐内容是指普适性强、传播力强的内容，如涉及搞笑、明星、八卦、社会、情感等的内容，因此其视觉设计应该个性鲜明、独具特色，如图5-15所示。

图5-15 左边第1张图片为垂直行业内容，因此其页面视觉设计从整体上来看简约大方，并采用左对齐与居中对齐的排版方式，美观易读，图片风格与字体颜色相匹配，且正文中有具体的要求与步骤，层次感强。图5-15 右边第2张图片为泛娱乐行业内容，该内容依据文章的写作风格选择了一张表情包来引起消费者共鸣，让消费者对文章有一个清晰、形象的认识。文字图片居中排版，且文章中的句子比较简短，节奏较快，整体的设计重点突出、个性鲜明，容易赢得消费者的好感。

图5-15 内容需求

2. 服务需求

一般来说，各大企业开通的微信服务号都定位于满足消费者的服务需求，因此对其视觉设计的要求并不会太高，只需要逻辑清晰、简单易读、易于操作即可，图5-16所示为"中国南方航空"的微信公众号页面。

该公众号页面采用了航空类常用的蓝色作为主色调，白色作为辅助色，给人一种干净、清爽的感觉，图5-16 左边第1张图为该公众号的服务专区页面，各项服务区分明确、易于操作。图5-16 第2张图为该公众号的某篇文章页面。该页面的视觉设计简约自然，其中的"立即注册"按钮更便于消费者操作。

图5-16 服务需求

3. 消费需求

当消费者对某个品牌或商品感兴趣时，就会关注该品牌或相应商品种类的微信公众号，主动寻找心仪的商品并产生消费欲望。对于此类消费者来说，品牌和商品才是他们关注的重点内容，因此，面对此类消费者的微信公众号，其视觉设计应该符合品牌或商品的风格，同时要方便消费者快速购买，如图5-17所示。

图 5-17 所示都是满足消费者消费需求的公众号页面。由于护肤品、女装类商品的消费人群大部分为女性，所以页面的整体色调多为粉色，排版上都是采用图文结合的方式，文字多是对商品的描述，主题突出。同时，图中都有添加购买链接，便于消费者方便、快捷地购买该商品。

图5-17 消费需求

5.2.2 分析竞争对手

分析微信公众号的竞争对手是为了了解对手，通过对对手设计风格、策略等的分析，进而对自身的设计进行完善，以吸引更多消费者关注公众号。在分析竞争对手时，设计人员可以利用新榜中的排行榜进行分析，查看本行业排名靠前的同类型微信公众号是如何进行视觉设计的，可以从图片、字体、排版等不同方面寻找差异，做到合理分析、直击痛点。

5.2.3 确定设计风格

公众号的风格与公众号的定位、内容有关，如以故事、话题、观点为内容的微信公众号视觉设计的排版主要是将文字和图片居中，并且句子较短、间隔较大、图片较多，风格会比较个性化，有设计感与独特性，使消费者在轻松愉悦的氛围中接受微信公众号所传达的内容及品牌信息。一般干货类公众号排版会更加紧凑，以简洁的技巧介绍或者步骤图片为主，传输有价值的内容，风格简约清晰，能够提高消费者的专注力，使其将视觉重点放在内容上。

5.2.4 完成设计草案

设计人员在设计草案时，可以先根据前面所确定的消费者需求来确定关键词，如喜欢娱乐、八卦的年轻消费者通常其关键词为"个性""时尚"等，然后根据关键词去网上搜索相关微信公众号的视觉设计，确定风格，最后对收集的素材进行归纳总结，选择合适的字体、色彩和风格等，形成草案。

5.3　微信公众号各版块视觉设计

随着互联网的不断进步与发展，消费者的审美水平不断提高，其对视觉设计的要求也越来越高，因此要打造出一个符合消费者审美且高质量、高水平的微信公众号，除了需要优质的内容外，其美观的视觉设计也是必不可少的。下面对微信公众号各版块的视觉设计进行简单介绍。

慕课视频

微信公众号各版块视觉设计

5.3.1　公众号封面视觉设计

公众号封面图的效果会直接影响消费者点击文章的概率，从而引导消费者进一步的阅读。设计人员在设计封面图时一般都使用与推送内容或与商品相关的图片，如果推送内容分为不同系列，还可以为每个系列设计对应风格的图片，并适当地添加文字，便于消费者更好地理解文章内容。但无论是哪种类型，其风格都应该一致，这样有利于增强公众号的统一性。另外，建议公众号的封面大图尺寸最好是900像素×383像素，封面小图的尺寸是200像素×200像素，这样图片不会被压缩，刚好能够全部显现出来。图5-18所示的"泼辣修图"公众号的封面图片就是与推送内容相关的封面图片，图5-19所示的"有书"公众号的封面图片就是不同系列的封面图片。

图5-18　与推送内容相关的封面

图5-19　不同系列的封面

5.3.2　公众号Banner视觉设计

简单来说，Banner也就是公众号头部的引导图，其位置在文章的最顶端。一个优秀的公众号往往都会有自己独特的Banner。Banner的内容主要包括Logo、公众号名称、标语等，除此之外也有与推文相关的广告或者内容。这些内容既可以是动态的，也可以是静态的。动态的内容一般是比较简单的GIF图片；静态的内容有多种样式，如日历式、卡片式等。其主要目的是再一次加深消费者对公众号的印象，为增强粉丝黏性打下基础，或者加强Banner与整篇文章的关联性。同时，统一、固定的Banner设计也可以让公众号的排版更加美观。图5-20所示即为两个公众号各自设计的固定Banner。

图5-20　公众号Banner

5.3.3　公众号广告视觉设计

　　微信公众号可以根据粉丝数量选择一些合适的商品广告进行推广。这种广告变现在当前微信公众号的变现方式中非常常用且有效。尤其是对于一些电商、营销类公众号来说，公众号广告不仅可以让公众号获得更高的知名度，提高传播量，还能够针对不同的消费者群体展示广告信息，使广告更有针对性，同时也满足了消费者的需求，因此公众号广告必不可少，如图5-21所示。

图5-21　公众号广告

5.3.4 公众号推荐视觉设计

在微信公众号正文内容结束后，很多微信公众号会在文章结尾处对该公众号之前的文章进行推荐，其目的是增加新粉丝对微信公众号往期内容的阅读。因此，设计人员在排版时多会利用超链接或小程序，将往期内容制作为小卡片放置在文章末尾，以供消费者点击阅读，如图5-22所示。

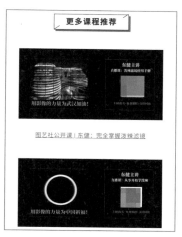

图5-22　公众号推荐

5.3.5 公众号求关注视觉设计

微信公众号文章一般会在结尾部分设计一个求关注版块，以提醒和吸引更多潜在消费者的扫码关注。该版块在内容的选择上一般是一个静态的二维码加上公众号的名称、文化口号等。排版的方式主要有两种：一种是上下型排版的设计，通常是微信公众号的简介在上方，二维码在下方，如图5-23所示；另一种是左右型排版的设计，通常是一种小卡片的形式，如图5-24所示。

图5-23　上下型排版设计　　　　　图5-24　左右型排版设计

项目▶"食味坊"微信公众号页面设计

⊗ 项目要求

本例需要先运用本单元所学知识分析微信公众号各版块的视觉设计，要求设计的微信公众号页面主题突出、风格统一、目标明确。

⊗ 项目目的

在明确活动目的的基础上，通过该实例的分析对微信公众号页面的设计流程及各版块页面的内容等相关知识进行巩固，了解微信公众号页面设计的方法。

⊗ 项目分析

"食味坊"微信公众号主要是针对年轻人这一群体做一些美食图文教学，标语是"享受美味，追求品质生活"，内容的定位主要是图文菜谱、美食攻略。为了凸显出美食绿色、健康的品质，以及整体页面的简洁、干净，本例公众号在色彩的选择上首先采用了淡绿色和白色作为主色调；其次，在内容的选择上，本例主要制作了公众号封面图、公众号Banner图、公众号广告图、公众号推荐图和公众号求关注图5个部分，然后结合设计思路进行设计。图5-25所示为本例的设计参考效果。

图5-25　参考效果

⊗ 项目思路

本项目内容为设计"食味坊"微信公众号页面，主要是从明确消费者需求、分析竞争对手、确定设计风格、完成设计草案4个方面进行思考，最终完成设计。其思路如下。

（1）明确消费者需求。"食味坊"微信公众号是一个以推荐和制作美食为主的微信公众号，由于此微信公众号所面对的消费者需求为内容需求，所以其视觉设计应以优质内容为主。

（2）分析竞争对手。通过新榜的搜索和平时的积累，可以发现"食味坊"微信公众号的竞争对手主要有"美食工坊""日食记"，图5-26所示分别为这两个微信公众号在新榜网站中的展示头像与功能介绍。

图5-26　展示头像与功能介绍

① 从图5-26中可以看到这两个微信公众号都有一定的关注度与流量，因此需要从多个方面去分析其视觉设计，图5-27所示分别为这两个微信公众号的封面视觉设计。

从整体上看，这两个微信公众号的封面都比较符合公众号的定位，主要内容都是以美食为主，其色调也比较统一，且推送封面都是以一张封面大图、一张小图加标题文章的形式进行排版，页面看起来会比较简洁。

图5-27　封面视觉设计

② 分别分析图5-28所示的"美食工坊"与"日食记"微信公众号的页尾视觉设计，如图5-28所示。

从内容上看，左图的页尾部分主要是推送往期精选文章，点击图片即可直接跳转到相应的文章页面，比较方便快捷，有助于吸引新粉丝；右图的页尾部分主要是广告推荐，有利于实现流量的变现。从设计上来看，左图的排版比较紧凑，不利于消费者点击查看；右图的页尾部分则采用了左图右文的方式进行构图，美观、清晰。

图5-28　页尾视觉设计

（3）确定设计风格。不同类型的公众号会有不同的风格特征，本例中"食味坊"是一个关注优质美食内容的微信公众号，对公众号的色彩、食材的质感要求比较高，因此选择精致简约

87

风格，可以让消费者更关注公众号中的优质干货内容，设计人员在具体设计过程中可以在微信公众号的各版块中添加一些与美食有关的设计元素，增加美观性。

（4）完成设计草案。根据前面所总结的项目分析与项目思路，运用收集的素材来完成"食味坊"微信公众号页面的设计草案。

慕课视频

"食味坊"微信公众号
页面设计

◉ 项目实施

本例主要根据微信公众号的项目思路，将"食味坊"公众号页面划分为公众号封面图、公众号横幅（Banner）图、公众号广告图、公众号推荐图和公众号求关注图5个部分，其具体操作如下。

（1）制作公众号封面图。在Photoshop CC中新建大小为900像素×383像素、分辨率为72像素/英寸、名为"公众号封面图"的文件。

（2）选择"圆角矩形工具"，将填充色设置为"#9ac897"，在页面中绘制半径为"30像素"的圆角矩形。打开"封面图背景.jpg"图像文件（配套资源:\素材文件\第5章\封面图背景.jpg），将其拖动到矩形上方，调整大小和位置，在图层面板中选择素材图层并单击鼠标右键，在弹出的快捷菜单中选择"创建剪贴蒙版"命令，将其裁剪到圆角矩形中，并调整不透明度为"70%"，效果如图5-29所示。

（3）选择"横排文字工具"，在工具属性栏中设置字体为"黑体"，字体颜色为"#ffffff"，字体大小为"18点"，输入"美味不简单"文本；在工具属性栏中修改字体为"方正黑体简体"，字体大小为"44.54点"，输入"吃货打卡 美食推荐"文本；在工具属性栏中修改字体为"方正细圆简体"，字体大小为"18点"，输入"简约早餐系列"文本，效果如图5-30所示。

图5-29　绘制圆角矩形

图5-30　输入文本

（4）选择"椭圆工具"，将填充色设置为"#ffffff"，按住【Shift】键，在"美味不简单"文本的左右两边绘制圆形。选择"直线工具"，在"简约早餐系列"文本的下方分别绘制两条129像素×1像素的直线，并设置颜色为"#ffffff"，效果如图5-31所示。

（5）打开"Logo.png"图像文件（配套资源:\素材文件\第5章\Logo.png），将其拖动到画面右侧，调整大小和位置。选择"直排文字工具"，在工具属性栏中设置字体为"黑体"，字体颜色为"#ffffff"，字体大小为"18点"，输入"唯美食不可辜负"文本。选择"自定形状工具"，在工具属性栏中设置形状的填充颜色为"#e60012"，取消描边，其形状为"红心形卡"，在"唯美食不可辜负"文本下方绘制心形形状，完成后保存图像，查看完成后的效果

（配套资源:\效果文件\第5章\公众号封面图.psd），效果如图5-32所示。

图5-31　绘制线条　　　　　　　　　　　　　　图5-32　最终效果

（6）制作公众号横幅（Banner）图。在Photoshop CC中新建大小为1 080像素×280像素、分辨率为72像素/英寸、名为"公众号横幅Banner图"的文件。

（7）打开"Banner.psd"图像文件（配套资源:\素材文件\第5章\Banner.psd），将其拖动到页面中，调整大小和位置。选择"横排文字工具"T，在工具属性栏中设置字体为"黑体"，字体颜色为"#000000"，输入图5-33所示的文本。

（8）选择"圆角矩形工具"◻，将填充色设置为"#9ac897"，在底部文本图层下方绘制半径为"30像素"的圆角矩形，并将"点击上方文字关注我们！"文本的字体颜色修改为"#ffffff"。选择圆角矩形图层，按【Ctrl+J】组合键复制圆角矩形图层，并设置新圆角矩形的填充颜色为"#5a8c57"，调整其位置，效果如图5-34所示，完成后保存图像，查看完成后的效果（配套资源:\效果文件\第5章\公众号横幅Banner图.psd）。

图5-33　添加素材并输入文本　　　　　　　　　图5-34　绘制圆角矩形并输入文本

（9）制作公众号广告图。在Photoshop CC中新建大小为1 280像素×1 920像素、分辨率为72像素/英寸、名为"公众号广告图"的文件。

（10）选择"椭圆工具"◻，将描边色设置为"#000000"，取消填充，按住【Shift】键，在图像上方绘制圆形。选择圆形图层，按住【Alt】键向右拖动再复制两个大小一致的圆形，选择"横排文字工具"T，在工具属性栏中设置字体为"黑体"，字体颜色为"#000000"，在圆形内输入"下午茶"文本，效果如图5-35所示。

（11）打开"素材.psd"图像文件（配套资源:\素材文件\第5章\素材.psd），将其分别拖动到圆形的左右两边，调整大小和位置。选择"直线工具"/，在"下午茶"文字的下方分别绘制两条252像素×4像素的直线，并设置颜色为"#9ac897"，选择"横排文字工具"T，在工具属性栏中设置字体为"黑体"，字体颜色为"#9ac897"，字体大小为"58点"，在直线中间输入"享受舒适时光"文本，效果如图5-36所示。

图5-35　绘制圆形并输入文本

图5-36　添加素材并输入文本

（12）选择"横排文字工具" T，在工具属性栏中设置字体为"黑体"，字体颜色为"#000000"，字体大小为"40点"，在"享受舒适时光"文本下方输入文本（配套资源:\素材文件\第5章\文本素材1.txt），效果如图5-37所示。

（13）选择"点击下方链接即可购买"文本，在工具属性栏中修改字体颜色为"#f10808"，字体大小为"44点"。选择"多边形工具" ，在工具属性栏中设置边为"3"，填充颜色为"#e60012"，在文本后方绘制三角形，效果如图5-38所示。

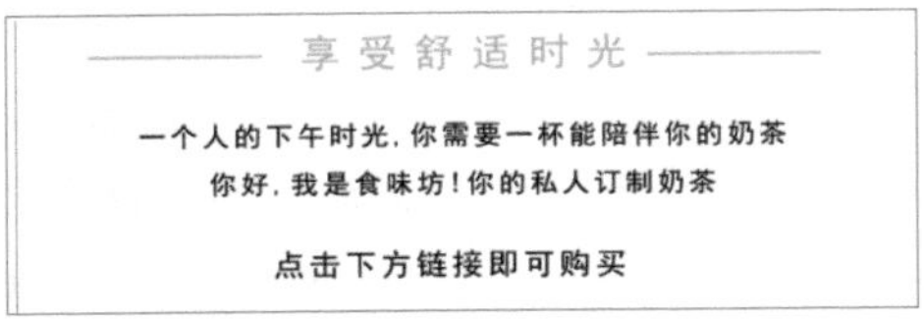

图5-37　输入文本

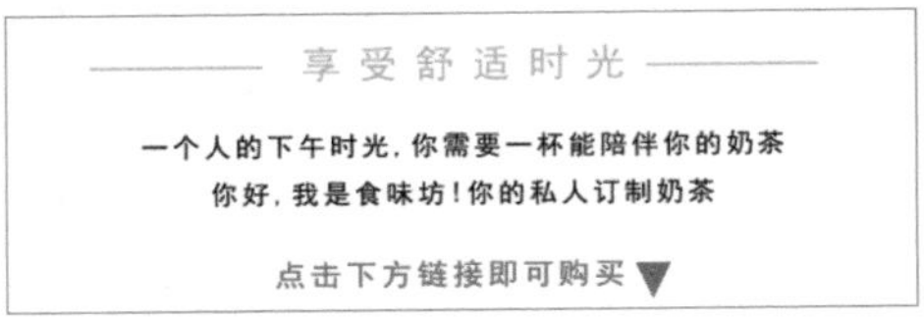

图5-38　绘制形状

（14）打开"奶茶.png"图像文件（配套资源:\素材文件\第5章\奶茶.png），将其拖动到"点击下方链接即可购买"文本下方，调整大小和位置，选择"直线工具" ，在奶茶素材中绘制两条白色直线，选择"椭圆工具" ，在奶茶素材中绘制圆形，效果如图5-39所示。

（15）选择"横排文字工具" T，在工具属性栏中设置字体为"黑体"，字体颜色为"#ffffff"，在奶茶素材中输入文本（配套资源:\素材文件\第5章\文本素材2.txt），调整其大小与位置。选择"圆角矩形工具" ，将填充色设置为"#e60012"，在奶茶素材下方绘制半径为"30像素"的圆角矩形，并在其中输入"立即购买"文本，效果如图5-40所示，完成后保存图像，查看完成后的效果（配套资源:\效果文件\第5章\公众号广告图.psd）。

图5-39　添加素材

图5-40　输入文本

（16）制作公众号推荐图。在Photoshop CC中新建大小为900像素×1 003像素、分辨率为72像素/英寸、名为"公众号推荐图"的文件。

（17）按【Ctrl+J】组合键复制背景图层并将其颜色填充为"#d9ead7"，使用与步骤10相同的方法制作"往期推荐"图像样式。选择"矩形工具" ，在"往期推荐"文本下方绘制填充颜色为"#ffffff"的矩形，在白色矩形上方绘制描边颜色为"#333333"的矩形，取消填充，继续在图像中绘制3个填充颜色为"#9ac897"的矩形，取消描边，调整大小与位置，效果如图5-41所示。

（18）打开"沙拉.jpg"图像文件（配套资源:\素材文件\第5章\沙拉.jpg），将其拖动到右侧矩形上方，调整大小和位置，在图层面板中选择沙拉图层并单击鼠标右键，在弹出的快捷菜单中选择"创建剪贴蒙版"命令，将其裁剪到矩形中，并调整不透明度为"85%"，效果如图5-42所示。

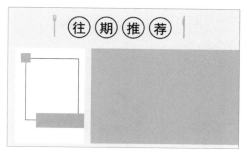

图5-41 绘制矩形

图5-42 添加素材

（19）选择"横排文字工具" ，在工具属性栏中设置字体为"黑体"，字体颜色为"#010000"，在白色矩形下方输入"燃烧你的卡路里—沙拉"文本，在工具属性栏中修改字体颜色为"#ffffff"，在"燃烧你的卡路里—沙拉"文本上方输入"扫码查看"文本，打开"推荐素材.psd"图像文件（配套资源:\素材文件\第5章\推荐素材.psd），将其分别拖动到图像中，调整大小和位置，效果如图5-43所示。

（20）打开"披萨.jpg"图像文件（配套资源:\素材文件\第5章\披萨.jpg），使用相同的方法制作另一个往期推荐栏，效果如图5-44所示，完成后保存图像，查看完成后的效果（配套资源:\效果文件\第5章\公众号推荐图.psd）。

图5-43 输入文本

图5-44 添加素材

（21）制作公众号求关注图。在Photoshop CC中新建大小为600像素×600像素、分辨率为72像素/英寸、名为"公众号求关注图"的文件。

（22）按【Ctrl+J】组合键复制背景图层并将其颜色填充为"#d9ead7"，打开"关注素材.psd"图像文件（配套资源:\素材文件\第5章\关注素材.psd），将其拖动到图像中，调整大小和位置，效果如图5-45所示。

（23）选择"横排文字工具" **T** ，在工具属性栏中设置字体为"黑体"，字体颜色为"#2b2929"，在Logo素材下方输入"享受美味，追求品质生活"文本，在二维码素材下方输入"长按二维码识别 关注我们"文本，选择"自定形状工具" ，在工具属性栏中设置形状的填充颜色为"#465c51"，在文本下方绘制箭头形状，效果如图5-46所示。

（24）选择"圆角矩形工具" ，将填充色设置为"#99bea5"，在箭头形状下方绘制半径为"30像素"的圆角矩形，并在其中输入"点个赞再走呗！"文本，完成后保存图像，查看完成后的效果（配套资源:\效果文件\第5章\公众号求关注图.psd），效果如图5-47所示。

图5-45　添加素材

图5-46　输入文本并绘制箭头形状

图5-47　绘制圆角矩形

? 思考与练习

1. 不同的微信公众号类型有哪些不同的特点？

2. 微信公众号的作用有哪些？

3. 根据提供的素材（配套资源:\素材文件\第5章\旅行公众号）制作微信公众号的视觉页面，参考效果如图5-48所示（配套资源:\效果文件\第5章\旅行公众号）。

图5-48　旅行公众号效果

Chapter

第6章
H5视觉设计

6.1 H5概述
6.2 H5视觉设计的基本流程
6.3 H5视觉设计要点
6.4 H5视觉设计分析

学习引导			
	知识目标	能力目标	情感目标
学习目标	1. 了解H5的不同类型 2. 了解制作H5的常用工具 3. 了解H5的视觉设计要点 4. 了解H5的视觉设计分析	1. 能用Photoshop CC制作H5页面 2. 能够使用H5制作工具生成H5作品 3. 能够掌握H5视觉设计的基本流程	1. 培养自主学习能力 2. 培养自制力 3. 培养团队协作、自主创新的能力
实训项目	促销活动H5视觉设计		

如今，移动互联网的快速发展带动了H5这种全新的信息传播方式，使其逐渐被广泛运用到各个领域，如企业宣传、营销活动等。H5的制作流程简单快捷，其美观多变的视觉效果和强互动性的操作体验能够带给消费者更真实有趣的感受。本单元主要学习H5基础知识、H5视觉设计的基本流程、H5视觉设计要点及H5视觉设计分析。

慕课视频

[QR code]

H5概述

6.1 H5概述

随着时代的不断发展，消费者已不单满足于信息的单向传播，而是更偏向于双方的互动，因此各式各样的H5如同雨后春笋般纷纷面世，并凭借其丰富多样的形式、强大的互动性和良好的视听体验得到消费者的快速认可。如今越来越多的行业选择使用H5来进行商品与与品牌的营销推广。下面就对H5的相关知识进行具体的介绍。

6.1.1 什么是H5

什么是H5？在词源上，H5是HTML5的缩写，但是人们实际生活中接触使用的H5概念，其实已经超越了HTML5的范畴。

超文本标记语言（HyperText Markup Language，HTML）是一种网页编辑的标识规范，现在的绝大多数网页都是建立在HTML之上的。而HTML5就是第5代HTML，HTML5在功能上实现了巨大突破，能够独立完成视频、音频、画图的操作而无需依赖第三方插件，并且具有极强的兼容性，能够适应包括PC、Mac、iPhone和Android等几乎所有的电子设备平台。

而本书中所使用的H5概念，并不是指HTML5这种语言本身，而是指运用HTML5制作出的移动网页。受惠于HTML5的强大功能，H5不仅视觉效果得到大大提升，更拥有着之前的移动网页所没有的强大优势，如启动时间短、无需下载占用存储空间等。H5的优势很快被商家发现并看重，成为营销推广的新法宝，在几年时间内迅速发展壮大。本书所讲的也正是指通过设计H5页面来进行营销推广。图6-1所示即为《抖音广告产品指南》的H5页面。从内容设计上来看，该案例主要是通过非常详细的文字解析、流程图及示范视频，来教消费者将广告融入抖音作品中，整个H5设计内容丰富，趣味十足，集文字、视频、互动等多种元素于一体。另外，消费者在案例作品中可以通过点击链接直接参与相关活动，这样的功能设计有助于抖音App的推广和营销。

图6-1   《抖音广告产品指南》H5页面

6.1.2 H5的类型

经过了几年的发展，H5的营销潜力被逐渐发掘，为了博取关注，其推广形式也不断推陈出新，最终呈现出场景型、测验型、展示型、视频型、技术型及游戏型6种类型，下面对其进行具体介绍。

● 场景型。场景型即借助文字、画面和音乐等手段，通过互动的方式为消费者营造某种特定的场景，通过场景来讲故事。可以通过分享好友的方式来让更多的消费者关注该H5，并使其参与其中，让H5更具趣味性和代入感。图6-2所示即为场景型H5《奇遇三亚 琼花和你开启梦幻新年》。该H5展示了一个长幅漫画的场景图，消费者可一边上滑屏幕浏览场景图片，一边点击提示收集各种线索，互动简单有趣。

● 测验型。测验型H5的页面类似于调查问卷，主要是针对目标消费者，选取其感兴趣的、具有悬念性的话题作为测试内容，让消费者通过选择答案来进行互动，并在消费者回答完全部问题后引导其进行分享。该类H5因为互动性强，容易引起二次传播，也容易因为大家对问题的不同看法引起讨论，因此比较适用于品牌信息的传播或者营销活动的引导环节，图6-3所示即为测验型H5。

图6-2　场景型H5

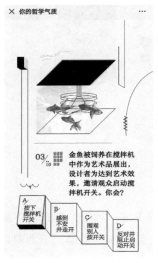

图6-3　测验型H5

- 展示型。展示型H5主要用来展示各种信息。这种H5页面就像是网页版的PPT，本身不具备互动性，但是视觉设计优秀，也可以添加动态的切换展示效果，让整个页面看起来更具有动感，并且其加载速度快、成本较低，一般被用来推广品牌或商品，通过营造营销活动氛围来打动消费者。

- 视频型。在H5中播放视频，动态的图像配合音乐，所以对消费者产生强刺激，效果远胜图文。而且能够实现和视频广告一样的视觉效果的同时和消费者展开多元的人机互动。图6-4所示即为视频型H5《国宝为您祈福》。该H5中以多段精美的视频来推动故事情节发展，并在其中穿插了各种互动，最后在直播间销售商品的方式也不会让消费者感到厌烦，其缺点是成本较高。

图6-4　视频型H5

- 技术型。以技术优势取胜、运用炫酷的技术来吸引消费者的H5，能够给消费者带来非常新颖的视觉体验。常见的技术型H5包括全景/VR、3D画面、重力感应及多屏互动等。
- 游戏型。凭借H5网页强大的互动性，设计人员可以制作出各种网页游戏，游戏可以吸引消费者进行长时间、反复的互动，也容易让H5得到二次传播，图6-5所示即为游戏型H5《一路向前》。

图6-5　游戏型H5

　　以上这些类型的H5在互联网设计中都可以得到很好的运用，如场景型H5可以触动消费者的痛点，凸显商品价值；测试型H5可以帮助商家了解消费者的偏好和消费心理，也可以便捷地获取消费者的反馈信息；展示型H5可以展示商品或活动形象；视频型H5可以直接而全面地展示商品，展现品牌风格和特色；技术型H5可以提高营销信息的趣味性，降低消费者对营销的反感；游戏型H5可以吸引消费者持续互动，在其中进行广告软植入也能起到不错的效果。

6.1.3　制作H5的常用工具

随着H5的快速发展，消费者对H5的页面视觉效果也有了更高的要求。设计人员要制作出一个精美的H5，必须要先了解H5制作工具的特点。H5制作工具有很多，其核心都是将H5的制作过程转化为添加并编辑模块的方式。这样在制作H5时就绕过了编程这一环节，大大地降低了H5的制作门槛和制作时间。下面对常用的H5制作工具进行简单介绍。

- 兔展。兔展是H5的先行者，早在2014年就开始提供H5制作服务。兔展的H5编辑制作简单易上手，模板多样，动画效果添加便捷，而且其免费版都有着较强的功能，足以完成较简单的H5制作。此外，企业用户还可购买相应的套餐，享受更多的专业服务。

- 人人秀。人人秀是同样定位为初学者都可顺畅使用的H5制作工具，其特点是操作简单，互动功能强大，并有红包、抽奖和投票等自主推广功能。同时，人人秀还可以针对新用户和企业会员等不同层级的用户提供对应的相关福利。

- MAKA。MAKA是一款操作简单、专注于推广的H5工具，其特点是提供了大量的视频模板，可满足用户多方面的需求，其操作也非常简单快捷，用户只需在根据自身的需要选择一个模块并进行轻微修改后就可进行传播，逻辑结构非常完整。

- 易企秀。易企秀是一款专门针对企业级用户的H5设计工具，其中的"秀场""秀客"等平台还可以为企业级用户提供广告场景和定制服务，其模板非常完整、热点性强，用户体验度也比较高。

- iH5。iH5定位为专业的H5在线制作工具，其优势在于强大的编辑能力，能用HTML5编程实现的效果基本都能用iH5制作出来。iH5支持图像、音频、视频和网页的上传，能够制作多种动画，支持多种方式的人机互动，而且其免费版也完全开放了编辑功能。其缺点在于上手难度较大、学习成本较高，主要面对企业级用户和专业设计师。图6-6即为iH5的编辑页面，可以发现其界面布局与Photoshop类似。

图6-6　iH5编辑页面

高手点拨

H5制作工具还有PSD导入功能，如果想要的某种视觉效果用H5制作工具难以实现，设计人员可以先用Photoshop中制作出PSD格式文件，然后直接将其导入到H5制作工具中即可。

6.2 H5视觉设计的基本流程

优秀的H5视觉设计是技术、画面和创意的完美结合，并能够迎合消费者的喜好，引起消费者的转发。要制作出优秀的H5，设计人员需要做好前期准备、绘制H5原型图、设计H5界面、利用工具制作H5、分享与发布H5这5个环节。下面分别进行介绍。

6.2.1 做好前期准备

慕课视频

在制作H5前，设计人员还需做一些准备工作，包括了解需求、确定主题、收集素材等，下面分别进行介绍。

H5视觉设计的基本流程

1. 了解需求

H5制作的第一步就是了解企业需求，根据企业需求及H5所要展现的具体内容来进行设计，并以此选择对应的H5形式。若企业需要做宣传推广活动，其内容设计上就应该着重体现企业的理念、风格；若企业需要做商品促销，其内容设计上就应重点展现促销活动与商品。

2. 确定主题

选择好对应的H5形式后，还需要有一个吸引消费者视线的主题，设计人员在确定H5活动主题时，可以以创新为基础，结合企业和品牌，抓住热点，利用话题，这样才能吸引消费者的注意，从而促使消费者转发传播。

3. 收集素材

各大H5制作工具都提供了大量的案例模板，但为了提升自身的设计能力，设计人员还需要根据H5的对应形式和主题在网站中收集一些H5制作工作中所需要的图像、音频、视频、文案等素材。收集素材十分注重日常的积累，因此设计人员要养成收藏精美素材的习惯，以满足日常工作中的需要。除此之外，设计人员也可选择通过Photoshop软件来制作素材。

6.2.2 绘制H5原型图

做完前期准备之后，设计人员就需要根据设计需求来确定H5的风格、布局、数量和内容等信息，这些信息一般可以通过绘制H5原型图来进行展现。原型图是设计的前期准备，包含了设计人员的设计构思与意图，画面结构非常清晰。H5原型图一般可分为两种：一种是手绘线框图；另一种是使用专业软件所绘制的专业型原型图。简单来说，手绘线框图是原型图的一种简单的静态展示；专业原型图需要在手绘线框图的基础上进行细化和添加交互设计，最后再呈现出一个完整的作品。专业原型图一般可采用Axure RP、墨刀、Photoshop等软件进行制作，图6-7所示为从原型图到成品的过程。

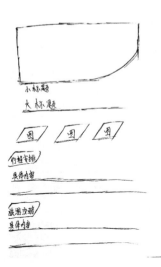

图6-7　从原型图到成品

6.2.3　设计H5界面

制作好H5原型图后，即可进行其风格、字体、色彩、排版等内容的选择，这个过程非常重要，是H5最终视觉呈现的关键。一般情况下，设计人员可选择Photoshop软件来进行H5界面布局设计。

6.2.4　利用工具制作H5

初步界面完成后，设计人员可利用H5制作工具将Photoshop软件所制作的界面通过交互的方式展现出来，让H5的视觉效果更加突出。另外，设计人员也可以直接选择H5制作工具中的模板或素材简单、快捷地制作出H5。下面以MAKA制作工具为例进行简单介绍。

1. 选择合适的模板

在MAKA制作工具中可根据企业的需求选择邀请函、促销广告、问卷调查、企业宣传推广等模板，图6-8所示为选择邀请函模板的页面效果。

黑金大气企业会议邀请函H5　卡通扁平风格圣诞节派对幼儿儿...　高端黑金商务年会颁奖典礼H5　红色喜庆国庆大气简约70周年...　5G峰会邀请函互联网科技时代...　牛皮纸电子商务技能培训邀请...
♨ 577　　　　　　　♨ 851　　　　　　　♨ 956　　　　　　　♨ 552　　　　　　　♨ 995　　　　　　　♨ 768

图6-8　邀请函模板

2. 查看模板

单击模板预览图后即可查看该模板的具体样式、交互等其他相关信息，图6-9所示为单击其中某一个模板后的效果。

图6-9　查看模板

3. 编辑模板

单击 立即使用 按钮，即可在MAKA编辑器中打开该模板，然后可以在该模板中修改相应的图片、文字等内容，进行二次设计，如图6-10所示。

图6-10　编辑模板

6.2.5　分享与发布H5

H5制作完成后，设计人员可在H5制作工具中通过链接或者二维码的形式分享与发布H5，进行H5的推广工作。当消费者点击链接或扫描二维码后即可查看H5的页面效果，需要注意的是，设计人员在分享与发布H5前要先对其进行预览，查看是否存在疏漏，并根据实际情况进行修改，以免影响消费者的阅读或操作体验。

6.3 H5视觉设计要点

一个H5视觉设计效果的出众与否，会直接影响其传播效果，甚至会影响消费者对这个品牌或者商品的认识，而设计人员要想让H5的视觉设计效果更加突出，在设计时还需要掌握一些H5视觉设计要点，下面分别进行介绍。

6.3.1 创新创意

21世纪是一个追求新鲜感和个性的时代，创新创意后的内容会更容易引起消费者的好奇心，提升其好感度，让消费者能够主动去传播与分享，因此，创新创意是H5视觉设计必不可少的要点。通常情况下，设计人员可从文字、创意内容等方面来把握H5的创意点，这需要多角度地去了解一些优秀H5的创意来源、文案构思及设计风格，鉴赏优秀的H5作品，吸收并运用其中的创意创新要点，日积月累，最后形成自己的独特风格。图6-11所示为创新创意H5《十一，别喊朕回宫！》。

该H5的创意亮点主要是采取恶搞古风的动漫风格，并运用了嘻哈短视频的方式进行展示，以棕黄色作为主色调，很有古风古韵，而古代宫廷主题也非常符合当下的热点内容。同时，该H5中还有独特、有趣的互动形式，如"点我接旨""传阅众爱卿"等，另外，当消费者单击"朕要送爱妃"按钮后即可跳转到I Do珠宝官方网站，以此来形成独特的营销方式。

图6-11 创意创新H5

6.3.2 统一风格

一个优秀的H5视觉设计除了需要创新创意的设计要点，还需要统一的画面效果。统一也是互联网视觉设计中的基本原则。统一风格是指H5页面中的各种元素的色彩、风格都和谐自然，所有细节部分都与整体视觉设计相符合。如H5的视觉设计是怀旧复古风格，就不能使用过于现代化的字体和画面；H5的视觉设计是清新文艺风格，则最好不要使用花哨的动画效果等。统一风格的H5可以给消费者带来更高品质的用户体验，图6-12所示为两种不同风格的H5视觉设计。

图6-12 第1个H5页面是非常典型的国画水墨风格，以陈旧的棕色作为主色调，具有浓厚的年代感，再搭配书法字体与古风词曲，整体效果意境优美；图6-12 第2个H5页面是一个具有公益性质的H5宣传页面，采用了手绘卡通设计风格，页面中卡通样式的文字与画面等元素都与整体风格相符合，在统一风格的基础上赋予了作品更鲜明的特色。

图6-12 统一风格H5

6.3.3 注重氛围

不同的氛围可以传达出不同的情感，在H5中营造合适的氛围可以烘托出某种情感，并借此更好地传达出H5的主题，将消费者带入H5作品中，实现情感上的共鸣。因此，设计人员首先需要抓住消费者的心理诉求，然后从作品的主题特色入手，最后结合互动玩法和强大的视听来营造作品氛围，如图6-13所示。

高考对于大多数消费者来说都是一种特别的回忆，本例采用非常典型的扁平化卡通风格，通过铅笔盒、练习册、老式茶缸等物品让消费者回忆高考，再加上互动的玩法，如可选择"陪站宣言"为高考学子加油等，从而营造出一种高考时奋战学习的氛围，延伸了作品的意境，让H5作品与消费者之间产生了情感上的共鸣，增强了作品的美感。

图6-13 注重氛围H5

6.3.4 强调真实的用户体验

真实的用户体验是指H5页面中的风格、色彩、版式及互动的形式等要素能使消费者产生一种真实的体验。因此，设计人员在设计时应主要以消费者为核心，坚持以消息者需求为创作导向，创作出能够让消费者真实地参与到H5活动中的优秀作品，如图6-14所示，推动文化事业和文化产业的繁荣发展。

图6-14 所示的页面都是照片合成类的 H5 活动页面，是一种个性化的人像合成的趣味交互，消费者可以通过在其中添加自己的照片来合成具有年代感的照片。其页面简洁、操作简单，且互动感很强，可以让消费者真实地参与到活动中来，用户体验度比较高，同时也比较符合当下"变脸"的潮流热点，新颖有趣、个性十足。

图6-14 强调真实的用户体验H5

慕课视频

H5视觉设计分析

6.4 H5视觉设计分析

H5页面包括文字、图像、音乐、视频、链接等多种内容，设计人员需要先对H5的视觉设计进行分析，然后利用这些内容制作出富有视觉冲击力与感染力的H5作品。H5的视觉分析主要从版式设计、交互设计、活动设计、动效设计、音效设计这5个方面来进行，下面分别进行介绍。

6.4.1 版式设计分析

版式设计可以让H5中的各个元素更加和谐有序、整齐统一，通常情况下，消费者在手机屏幕上的视觉动线是从左到右、从上到下，因此H5的版式设计应符合消费者的阅读需要，使其能够快速、清晰地在页面上找到焦点、重点内容。除此之外，设计人员还要注意版式中信息的层级，划分好信息的主次，让消费者快速找到自己需要的内容，如图6-15所示。

6.4.2 交互设计分析

H5最大的特点在于交互性，在H5页面中加入交互设计不仅可以很好地烘托气氛，还能够提高消费者的参与度，让消费者在参与互动的过程中准确地接收到营销信息。这样既能更容易地达到营销目的，也不会让消费者感到厌烦，如图6-16所示。

图6-15 版式设计H5

图 6-15 所示页面的视觉效果都非常有秩序感，版式清晰明了，能够引导消费者从上到下、从左到右地进行阅读，视觉感非常舒适。另外，页面中的主题文字也非常突出，如"人生必做的 100 件事""新年 flag"是页面的视觉焦点，同时页面中还加入了一些其他的文字信息，并将这些信息以不同的字号和字体进行排版，让画面更加充实，而且主次清晰、平衡和谐。

图6-16 交互设计H5

该页面是一个互动小游戏 H5 案例。消费者可以通过选择"剪刀""石头"或"布"与恒小丰（恒丰银行的卡通人物）进行猜拳游戏，胜利后可以获得现金红包或者字符，集齐字符后可以获得开业宝箱。该 H5 页面用简单的小游戏来带动消费者的热情，让消费者在游戏互动中慢慢了解到该企业，这种游戏式交互设计是一种大部分消费者都能够接受的营销手段。

6.4.3 活动设计分析

活动设计是H5视觉设计中一种非常重要的营销手段，不仅可以推广活动，传达出品牌的调性，还能够加强消费者对品牌的认知，提高活跃度与粉丝黏性。H5视觉设计中的活动设计非常丰富，如砍价活动、抽奖活动、投票活动等，如图6-17所示。

图6-17　活动设计H5

图 6-17 所示页面都是以活动为主的 H5 页面，设计人员通过这种抽奖的活动形式来吸引消费者关注，而且消费者在参与抽奖时，需要填写自身的信息，这可以方便品牌收集消费者信息，并与之保持良好的沟通，提高粉丝黏性。除此之外，这种抽奖活动还可以促成消费者的二次传播行为，并实现多次传播，从而达到一种很好的推广引流效果。

6.4.4 动效设计分析

动效设计是H5视觉创意中不可或缺的元素，它可以让H5的页面显得更加生动有趣。富有创意的动效设计可以快速吸引消费者的注意、调动消费者的情感。动效主要包括转场动效、内容动效和功能动效。转场动效是指H5不同页面之间的切换效果；内容动效是指H5页面中各元素的出现或退出效果，其内容非常丰富，主要是用视频进行展现；功能动效是指特定功能的按钮或文字上的动画效果，如图6-18所示。

图6-18　动效设计H5

图 6-18 所示页面采用了大面积手绘动画内容的动效设计，以手绘的古代视频为主体内容，当消费者点击后就会变成真实的景点照片。视频的动效采用了真实场景和卡通场景结合的方式，具有很强的沉浸感和感染力，效果丰富生动。同时，该H5也表达出了中秋节的主题内容，能增强消费者的情感共鸣，为消费者带来更好的视觉体验。

6.4.5 音效设计分析

H5作品中的音效设计的主要功能是强化H5的视觉场景，增强现实的体验效果，让H5的视觉效果更加饱满、立体。设计人员在选择音效时要注意与H5的视觉画面相符合，注重页面的整体氛围，达到视觉与听觉的平衡，如图6-19所示。

该页面是一个互动小游戏H5案例，消费者需要在60秒内找到19个隐藏在长图中的声音，找到声音对应的元素时就会播放动画效果和音效。整个H5设计将音效巧妙地结合在了背景画面、剧情、人物、动物等元素中，具有很强的趣味性，不仅可以让消费者聆听夏日的声音，还增强了H5作品的艺术氛围，带来了一场极佳的视听盛宴。

图6-19　音效设计H5

高手点拨

设计人员在设计H5作品时，这几种创意设计可以综合使用，不用局限于某一种，这样设计出来的作品才更加具有吸引力。

项目▶ 促销活动H5视觉设计

⊛ 项目要求

运用本单元所学知识，先利用Photoshop CC设计一个促销活动H5图像效果，再运用MAKA工具生成最终的H5作品。要求充分运用H5视觉设计要点与创意设计等基础知识，且最终完成的H5作品应内容简洁美观，具有创意性，互动操作简单方便，有很好的营销效果，能够快速吸引优质消费者。

⊛ 项目目的

本例将结合H5视觉设计的基本流程，根据提供的素材文件（配套资源:\素材文件\第6章\促销H5设计辅助素材），制作一个促销活动的H5。图6-20所示为H5视觉设计过程中可能用到的辅助素材。通过该实例能够熟悉H5视觉设计的基本流程与设计要点，并掌握H5视觉设计的基本方法，使作品能够达到营销目的。

图6-20　相关素材

⊛ 项目分析

　　促销活动是提高商品销量、提升品牌形象、增加粉丝黏性非常重要的手段。在活动期间，很多商家都会制作线上的H5促销活动，而在形式多样的H5作品中，用得比较频繁的就是红包营销。红包作为一种高效的营销推广手段，其优点在于能够使目标消费者产生强烈、即时的好感。本例主要是以促动营销为背景，当消费者点开首页中的红包时就会出现"红包雨"形式的代金券，以营造活动氛围、赢得消费者好感，然后再通过更多的活动来进一步刺激消费者进行消费，最终促成交易，图6-21所示为完成后的效果展示。

图6-21　效果展示

⊛ 项目思路

本例以H5视觉设计基本流程为基础，对促销活动H5的整个项目进行分析，从项目主题与内容分析到根据设计构思绘制H5原型图，最后再设计与制作H5，其思路如下。

（1）项目主题与主要内容。在对项目进行了简单分析后，可以将本次项目的主题内容分为3个部分：第1页主要通过红包元素展现活动的主题；第2页是一个红包的互动页面；第3页主要介绍具体的活动内容。

（2）根据设计构思绘制H5原型图。本例中H5的主要目的是营销，因此在色彩的选择上需要使用与促销相关的红色为主色调，再搭配明亮的黄色，形成典型的促销型色彩搭配，使其与H5的主题相符合。H5的风格统一为扁平化风格，简约时尚，同时添加互动性的按钮，以提高用户体验度，最后搭配促销类型的音乐，营造出浓厚的活动氛围。按照此设计构思使用Photoshop CC绘制H5原型图，如图6-22所示。

图6-22　H5原型图

（3）设计H5界面。设计H5界面主要可运用Photoshop CC，以进行H5的文字排版、素材的添加及色彩的搭配，在各页面的版式设计上选择常见的上下排版，对移动端消费者来说可比较方便地进行查看，正文字体选择黑体，主要是让H5能够清晰地呈现出页面内容。

（4）利用工具制作H5。本例主要使用MAKA工具制作H5，为H5页面中的各个元素添加动效和音效，让H5更具视觉吸引力，并且能与消费者及时互动。

⊛ **项目实施**

在项目实施过程中主要采用了Photoshop CC和MAKA工具，其中Photoshop CC主要是进行H5页面的布局设计，而动态效果则在MAKA工具中完成，其具体操作如下。

慕课视频

促销活动H5视觉设计

1. 使用Photoshop CC制作图像效果

下面将介绍利用Photoshop CC制作H5的具体操作方法。

（1）制作页面1。在Photoshop CC中新建大小为640像素×1 008像素、分辨率为72像素/英寸、名为"红包H5页面1"的文件。

（2）新建图层，并将该图层颜色填充为"#d22e17"，打开"红包.png"图像文件（配套资源:\素材文件\第6章\促销H5设计辅助素材\红包.png），将其拖动到图像中，调整大小和位置，效果如图6-23所示。

（3）选择"横排文字工具" <kbd>T.</kbd>，在工具属性栏中设置字体为"方正综艺_GBK"，字体颜色为"#fcefc5"，输入图6-24所示的文本，调整字体大小和位置。

（4）新建图层，选择"钢笔工具" <kbd>∅.</kbd>，在工具属性栏中设置填充颜色为"#fcefc5"，在新建图层中绘制形状，并将"11月8日—11月15日"文字颜色修改为"#d22e17"，效果如图6-25所示。

图6-23　添加素材　　　　图6-24　输入文本　　　　图6-25　绘制形状

（5）选择"横排文字工具" <kbd>T.</kbd>，在工具属性栏中设置字体为"黑体"，字体颜色为"#ffffff"，字体大小为"35点"，在红包下方输入图6-26所示的文本，调整字体位置。

（6）选择"圆角矩形工具" <kbd>□.</kbd>，将填充色设置为"#fcefc5"，在红包下方绘制半径为10像素、大小为512像素×246像素的圆角矩形，如图6-27所示。

（7）选择"横排文字工具" <kbd>T.</kbd>，在工具属性栏中设置字体为"黑体"，字体颜色为"#c70000"，在圆角矩形内输入文本（配套资源:\素材文件\第6章\促销H5设计辅助素材\文本素材.txt），调整字体大小和位置，完成后保存图像，查看完成后的效果（配套资源:\效果文件\第6章\红包H5页面1.psd），如图6-28所示。

图6-26　输入文本　　　　图6-27　绘制圆角矩形　　　　图6-28　输入具体文本

（8）制作页面2。在Photoshop CC中新建大小为640像素×1 008像素、分辨率为72像素/英寸、名为"红包H5页面2"的文件。

（9）打开"红包雨.psd"图像文件（配套资源:\素材文件\第6章\促销H5设计辅助素材\红包雨.psd），将其中的素材分别拖动到图像中，调整大小和位置，效果如图6-29所示。

（10）选择"横排文字工具" **T**，在工具属性栏中设置字体为"黑体"，字体颜色为"#c70000"，在红包雨素材内输入"代金券100元"文本，并为其添加阴影效果，选择红包雨素材和文字图层，按【Ctrl+G】组合键将内容放置到新建的组中，选择图层组，按住【Alt】键将其向四周拖动复制6个图层组，修改其中的信息，并调整其大小，效果如图6-30所示。

（11）选择"圆角矩形工具" **□**，将填充色设置为"#f3ab38"，在红包下方绘制半径为10像素、大小为215像素×80像素的圆角矩形，并在其中输入"更多活动"文本，完成后保存图像，查看完成后的效果（配套资源:\效果文件\第6章\红包H5页面2.psd），如图6-31所示。

图6-29　添加素材

图6-30　输入文本

图6-31　绘制圆角矩形
并输入文本

（12）制作页面3。在Photoshop CC中新建大小为640像素×1 008像素、分辨率为72像素/英寸、名为"红包H5页面3"的文件。

（13）新建图层，并将该图层颜色填充为"#fef1b9"，选择"钢笔工具" **◢**，在工具属性栏中设置填充颜色为"#fbc323"，并绘制图6-32所示的形状。

（14）选择"圆角矩形工具" **□**，将填充色设置为"#ffffff"，在图像中绘制半径为10像素、大小为591像素×672像素的圆角矩形，打开"礼包.psd"图像文件（配套资源:\素材文件\第6章\促销H5设计辅助素材\礼包.psd），将其中的素材分别拖动到图像中，调整大小和位置，效果如图6-33所示。

（15）选择"圆角矩形工具" **□**，将填充色设置为"#ea3632"，在礼包素材下方绘制半径为20像素、大小为280×46像素的圆角矩形，复制该圆角矩形，在工具属性栏中修改复制圆角矩形的大小为517像素×109像素，取消填充，设置描边颜色为"#bfbfbf"，描边宽度为"2像素"，并选择虚线形状的描边样式，调整图层位置，选择绘制的两个圆角矩形，按【Ctrl+G】组合键将内容放置到新建的组中，选择图层组，按住【Alt】键将其向下拖动复制两个图层组，并修改最后一个虚线矩形框的大小，如图6-34所示。

图6-32　新建图层　　　　图6-33　添加素材并绘制　　　图6-34　绘制圆角矩形

圆角矩形

（16）打开"装饰.psd"图像文件（配套资源:\素材文件\第6章\促销H5设计辅助素材\装饰.psd），将其中的素材分别拖动到图像中，调整大小和位置，效果如图6-35所示。

（17）选择"横排文字工具"**T.**，在工具属性栏中设置字体为"黑体"，字体颜色为"#ffffff"，在红色的圆角矩形内分别输入图6-36所示的文本。

（18）选择"横排文字工具"**T.**，在工具属性栏中设置字体为"黑体"，字体颜色分别为"#010000""#ea3632"，在圆角矩形内输入文本（配套资源:\素材文件\第6章\促销H5设计辅助素材\文本素材1.txt），调整字体大小和位置，完成后保存图像，查看完成后的效果（配套资源:\效果文件\第6章\红包H5页面3.psd），如图6-37所示。

图6-35　添加素材　　　　图6-36　输入文本　　　　图6-37　输入文本

2. 使用H5制作工具生成H5作品

下面将以MAKA为例，介绍通过H5制作工具生成H5作品的具体方法。

（1）登录MAKA官方网站，进入MAKA首页页面，在右侧列表中单击"作品管理"超链接即进入"创建作品"页面，在顶部列表中选择"翻页H5"选项，单击"空白创建"按

钮 空白创建 ，如图6-38所示。

图6-38　创建空白页面

（2）进入空白模板编辑界面，在界面左上角选择"文件"选项，在打开的下拉列表中选择"导入PSD文件"选项，如图6-39所示。

（3）打开"上传PSD文件"对话框，将文件"红包H5页面1.psd"（配套资源:\效果文件\第6章\红包H5页面1.psd）拖到页面中，上传结束后单击"完成"按钮 完成 ，如图6-40所示。

图6-39　导入psd文件

图6-40　完成上传

（4）完成后可看到该页面已经在模板编辑界面中了，选择"抢优惠 拼手气"图层，在界面右侧列表中选择"动画"选项卡，将速度修改为"1s"，延迟修改为"0.5s"，进场动画修改为"向下飞入"，如图6-41所示。

（5）选择红包图层，在界面右侧列表中选择"动画"选项卡，将速度修改为"1s"，延迟修改为"0.6s"，进场动画修改为"放大"，如图6-42所示。

（6）选择"抢优惠 拼手气"文字下方的形状图层，在"动画"选项卡页面中将速度修改为"1s"，延迟修改为"1.2s"，进场动画修改为"从左滚入"，如图6-43所示。

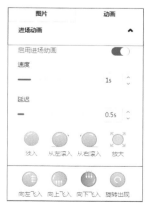

图6-41　修改延迟为0.5s

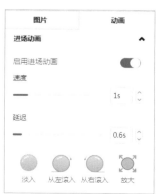

图6-42　修改延迟为0.6s

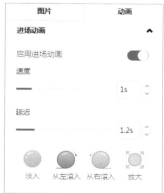

图6-43　修改延迟为1.2s

（7）使用同样的方法依次设置"您有一个红包待领取"图层的速度为"1.5s"，延迟为"1.4s"，进场动画为"从右滚入"；设置红包下方的黄色圆角矩形图层的速度为"1s"，延迟为"2s"，进场动画为"放大"；设置黄色圆角矩形中的文本图层的速度为"1s"，延迟为"2.5s"，进场动画为"淡入"。

（8）在界面左侧列表中选择"互动"选项，在页面中添加跳转链接"自定义"组件，在界面右侧选择"按钮"选项，将"按钮"选项下方文本框中的"自定义"文本删除，将不透明度修改为"0%"，并单击选中"启用跳转链接"复选框，设置跳转方式为"页面跳转"，跳转目的为"第2页"，最后在页面中将按钮图标缩小，如图6-44所示。

图6-44　添加跳转链接

（9）在界面下方单击"新增"按钮 + ，使用同样的方法将文件"红包H5页面2.psd"（配套资源:\效果文件\第6章\红包H5页面2.psd）添加到新增页面中。

（10）按住【Shift】键依次选择"100元"图层与其上方的"代金券"图层及下方的"红包"图层，在界面右侧单击"组合"选项卡，单击"组合"按钮　　组合　　，如图6-45所示。

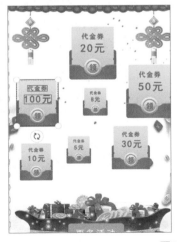

图6-45　组合图层

（11）使用同样的方法将所有的红包、代金券、金额图层分别组合。选择100元代金券组合图层，在界面右侧列表中单击"动画"选项卡，将进场速度修改为"1s"，延迟修改为"0.8s"，进场动画修改为"向下飞入"。

（12）分别将20元、50元、8元、30元、5元、10元代金券组合图层的延迟修改为"1s""1.2s""1.4s""1.6s""1.8s""2s"，进场动画统一修改为"向下飞入"。

（13）再次新增1个页面，为"更多活动"图层添加透明的跳转按钮，在界面右侧"按钮"选项卡页面下方单击选中"启用跳转链接"复选框，设置跳转方式为"页面跳转"，跳转目的为"第3页"。

（14）选择第3个页面，将页面顶部的礼品素材与烟花素材组合，将进场速度修改为"1.5s"，延迟修改为"0.8s"，进场动画修改为"下落放大"。

（15）选择"活动1"图层与该图层下方的圆角矩形，并将其组合，使用同样的方法将"活动2"和"活动3"图层相关的圆角矩形和文字图层组合。

（16）依次将"活动1""活动2""活动3"组合图层的速度统一修改为"2s"，延迟分别修改为"1.5s""2s""2.5s"，进场动画统一修改为"下落放大"，如图6-46所示。

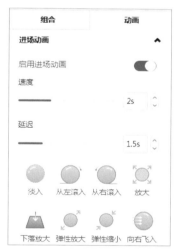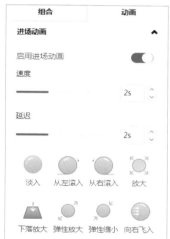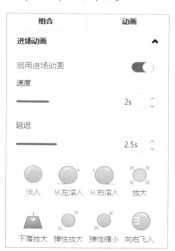

图6-46　设置组合图层的进场动画

（17）依次选择页面中3个虚线圆角矩形框，并将其组合，将进场速度修改为"1s"，延迟修改为"1s"，进场动画修改为"淡入"。

（18）选择第1个虚线圆角矩形框中的文字，将进场速度修改为"1s"，延迟为"1.2s"，进场动画修改为"向右飞入"；选择第2个虚线圆角矩形框中的文字，将进场速度修改为"1s"，延迟为"1.4s"，进场动画修改为"向左飞入"；选择第3个虚线圆角矩形框中的文字，设置进场速度为"1s"，延迟为"1.6s"，进场动画为"向右飞入"，如图6-47所示。

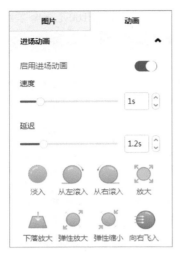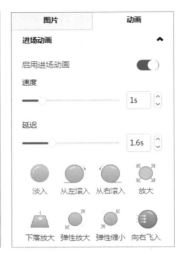

图6-47　设置圆角矩形的动画

（19）将"活动1"右下角、"活动3"左上角、"活动3"右下角的素材图层的进场速度统一修改为"2s"，延迟分别修改为"2s""2.5s""3s"，进场动画统一修改为"弹性放大"，如图6-48所示。

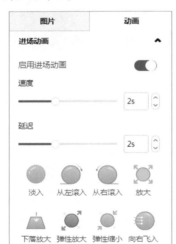

图6-48　设置素材的动画

（20）在界面右上角单击"音乐"按钮 🎵音乐 ，在打开的对话框中选择合适的音乐，然后单击 立即使用 按钮，如图6-49所示。

（21）完成后在界面右上角单击"预览/分享"按钮 预览/分享 ，即可在打开的对话框中预览H5作品，还可将其分享到微博、QQ等社交平台，如图6-50所示。

116

图6-49　设置音效

图6-50　预览与分享

思考与练习

1. H5行业的未来发展趋势是什么?

2. H5的制作工具还有哪些,分别简述其特点。

3. H5的创意要点有哪些?

4. H5有哪些风格? 分别简述其风格特点。

5. 利用素材(配套资源:\素材文件\第6章\新品女包)制作H5,具体包括封面、促销商品等版块,制作后的效果如图6-51所示(配套资源:\效果文件\第6章\新品女包.jpg)。

图6-51　新品女包H5部分效果

Chapter

7

第7章
网站页面视觉设计

7.1 了解网站页面视觉设计

7.2 网站页面布局与视觉风格

7.3 网站页面的视觉设计流程

学习引导

	知识目标	能力目标	情感目标
学习目标	1. 了解网站页面视觉设计 2. 了解网站页面布局与视觉风格 3. 了解网站页面视觉设计流程	1. 能够掌握网站页面的布局方法 2. 能够掌握网站页面视觉设计流程	1. 培养良好的设计素养能力 2. 培养良好的审美能力与工作习惯
实训项目	设计旅游网站首页页面		

在互联网视觉设计中，网站页面视觉设计作为一种新的视觉表现形式，既具有传统平面设计中的特征，又具有互联网网络技术的优势，有很强的视觉效果和互动性。本单元将对网站页面视觉设计进行详细讲解。

慕课视频

了解网站页面视觉设计

7.1 了解网站页面视觉设计

网站页面视觉设计是以互联网为依托，运用各种设计手段和互联网交互技术所形成的设计形式，其目的是给消费者提供方便操作、浏览，且视觉效果美观的网站页面，如图7-1所示。本节主要介绍网站页面的视觉构成元素、视觉设计特点和视觉设计原则。

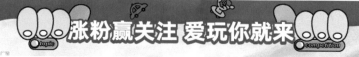

图7-1　旅游网站页面

7.1.1 网站页面的视觉构成元素

网站页面的主要功能是传递信息，而布局合理的网站页面更有利于让消费者快速、便捷地了解到网站提供的信息，因此设计人员需要给予网站页面的视觉设计足够的重视。网站页面的视觉构成要素不仅包括互联网视觉设计的基本要素，还包括音频、视频等多媒体元素和超链接元素，下面进行详细介绍。

● 文本。对于大多数网站页面而言，文本是非常基本的构成元素，也是信息传递和交流的主体，能够使消费者准确、方便地接收到网站的信息。网站页面中的字体样式、大小、颜色、排版等对整个页面都会有很大的影响，因此设计人员在网站页面的视觉设计过程中，需要通过文本的具体内容和不同格式来进行设计，如图7-2所示。

该网站页面的文本通过不同颜色的色块来进行区分，内容条理清晰、容易识别，统一的字体样式与大小让页面的整体视觉都非常和谐统一，便于消费者查看信息。

图7-2　网站页面中文本的展现形式

● 图像。图像在网站页面视觉设计中有多种形式，既可以是某个商品的图片，也可以是一个规则或不规则的形状，其主要功能是传达信息、展示商品、装饰网页、表现风格。图像可以为网站页面增添活力，使其更加生动形象、充满感情色彩，与文本相比有更强的视觉效果。图7-3所示为以图片为主的网站页面设计。

该网站页面以商品图片为主，加上简洁的文本，在展示商品的同时，也传达出了网站简约大方的风格特征，并且网站页面两边的黑色线条图像也起到了一个很好的装饰作用。

图7-3　以图片为主的网站页面设计

● 色彩。不同的色彩会给消费者带来不同的视觉和心理感受，设计人员在进行网站页面的视觉设计时，可利用色彩来表现不同的内容，并按照内容主次、关系轻重，对图像、文本、超链接的色彩做出有层次的选择，将网站的内容有机地结合起来，并以此烘托主题。设计人员在设计时要注意处理好色彩搭配之间的关系，色彩种类不宜过多，以免消费者产生视觉疲劳，如图7-4所示。

该网站页面使用大面积的蓝色作为页面的主色调，搭配白色、黄色的文字信息，并且在次要信息文字的附近还使用了红色装饰素材来进行突出，整个页面结构清晰，页面内容主次划分明确。

图7-4　网站页面的色彩选择

● 多媒体。网站页面中的多媒体元素主要包括视频、音频、flash动画。视频元素在网站视觉设计中非常常见，尤其是在视频网站页面中，视频元素的使用可以让网站页面变得更加丰富、时尚且具有动感；音频元素一般用于网站中的背景音乐，可以调节网站气氛，让消费者有一种身临其境的感觉；flash动画是一种交互式的动画形式，在网站页面中使用flash动画可以有效地吸引消费者的注意，并实现一些动态的交互功能。设计人员在使用这些多媒体元素时要注意用户的使用感受，不能因为过度追求互联网技术而忽视了页面的实用性，从而降低了用户体验，如图7-5所示。

该网站页面中运用了视频形式的多媒体元素，该视频主要是宣传品牌文化，提升品牌形象。该视频不仅可以给消费者带来很强的视觉体验，也让消费者更容易理解和接受该视频所传达的信息。

图7-5　网站页面中多媒体的运用

● 超链接。网站页面中的超链接可以从一个网页跳转到链接目的端的网页位置上，使消费者和服务器站点之间建立起一种简单的交互关系。网站页面中的超链接一般可分为文本超链接和图像超链接，当消费者单击超链接时，即可链接到对应的其他文件。这些文件既可以是文本文件、网页文件、视频文件，也可以是一个应用程序，如图7-6所示。

图7-6　网站页面中的超链接

7.1.2 网站页面的视觉设计特点

随着时代的进步，网站页面的视觉设计已经有了很大的发展，其展现形式也在不断地推陈出新，从最初的纯文字网站页面逐渐演化为现在兼具时代特征的新形式网站页面。下面对网站页面的视觉设计特点进行具体介绍。

● 持续的交互性。网站的交互性主要是指网站与消费者之间的双向交流。简单来说，也就是当消费者单击网站中的某个链接时，网站会显示出一个内容然后将其传递给消费者。设计人员通过某些技术手段实现网站页面信息的动态交互功能，满足消费者在使用网站过程中的交互需求，常表现为网站中的在线客服、网页导航、按钮链接等。图7-7所示为网站页面交互性的体现。

该网站页面使用不同的矩形图片来突出文本的选项，使整个页面的条理非常清晰，当消费者单击某个选项时，该选项中的白色矩形就会变成黄色，这样可以给消费者一种提示和反馈。

图7-7　网站页面的交互性

● 不可控性。不可控性是指网站不断的发展变化及各种显示设备的普及，导致网站页面的视觉设计很难有统一的标准，如不同版本的浏览器和不同的显示设备所显示的网站页面也会有不同的效果。因此，设计人员无法准确控制网站页面在最终端的效果展示。图7-8所示为同一网站页面在不同显示设备上的视觉效果，这体现了网站页面的不可控性。

由于移动终端的屏幕分辨率要小于计算机屏幕的分辨率，所以设计人员在设计该网站页面时为了让消费者能够在不同的终端设备中有较好的视觉体验，在充分考虑页面内容的情况下，调整了页面的整体版式。

图7-8　网站页面的不可控性

● 综合性。综合性主要表现在两个方面：第一个方面是网站页面视觉设计构成元素的综合性，即文本、图像、色彩、多媒体、超链接等元素在网站中的综合运用；第二个方面是艺术与技术的综合性，主要是指设计人员在掌握网络技术的基础上来实现网站页面的艺术设计和创造，注重技术和艺术的紧密结合，使其更具有感染力和表现力，以满足消费者对网站页面的高质量需求，如图7-9所示。

该网站为了让消费者真实地感受房屋的内部设计，使用了三维操作技术，运用全景展示的方式来讲解房屋内的不同区域，并在页面中通过图像与文本相结合的方式给予消费者互动操作指示，让消费者有一种身临其境的感受，同时也体现出了该企业的设计创意理念。

图7-9　网站页面的综合性

● 多维性。多维性主要体现在网站页面的超链接上，如导航超链接。导航超链接可以帮助消费者在网站的各个页面中跳转，并让消费者了解自己当前停留的网站页面及其与其他页面之间的关系等。因此，设计人员在设计网站页面时必须要考虑网站页面的多维性特点，设计出更加方便、快捷，便于消费者查看和点击的超链接，如图7-10所示。

图7-10　网站页面的多维性

> 该网站页面主要使用淡蓝色的背景来突出的红色的导航栏，并且还添加了一些与网站相关的卡通元素，这些能够快速引起消费者的注意，并便于消费者在该网站页面中查找相应的内容。

7.1.3　网站页面的视觉设计原则

对于一个网站来说，其页面的视觉设计原则会直接影响用户体验，因此，设计人员在进行网站页面的视觉设计时必须要遵循网站页面的视觉设计原则，其主要体现在以下4个方面。

1. 主题明确

主题明确是指网站页面所呈现的视觉效果必须能表达一定的诉求，有明确的主题，并能通过其视觉设计将网站页面所要表达的主题内容及时、准确地传达给消费者，让消费者一眼就能看出该网站所要表达的主题，不给消费者反复思考的机会。图7-11所示为华为品牌的官方网站，该网站页面的整体设计比较简洁，大幅的宣传广告和醒目的商品展示给消费者一种很强的视觉冲击力，并鲜明地突出了网站页面的主题。

图7-11　主题明确的网站页面

2. 重视消费者体验

重视消费者体验是指设计人员在设计网站页面时不能仅考虑其页面视觉效果是否精美，还要考虑它的交互体验能否让消费者产生愉悦感。总之，网站页面的视觉设计要以消费者体验为核心，站在消费者的角度来考虑问题，用文本、图像、色彩、多媒体等元素来满足消费者的视觉需求和情感需求，同时结合网站风格和主题，合理地将网站想要表达的内容展示给消费者，如图7-12所示。

该网站的视觉设计主要是运用了大小不一的矩形块来区分不同的页面，展示不同的信息，其内容展现更加直观，也方便消费者的操作，同时，当消费者将鼠标指针移动到某一版块时，该版块会有一些互动的变化，可以提高用户体验。

图7-12　注重消费者体验的网站页面

3. 整体和谐

整体和谐主要是指构成网站页面的页面形式的各要素相互依存、彼此联系所体现的整体性。为了获得网站页面的整体性，设计人员在设计网站时，既需要考虑整体效果，也需要注重细节效果，通过对页面的准确定位，来对页面中的版式、色彩、风格等元素进行排版与组合，让整个页面的视觉效果都能够和谐统一，如图7-13所示。

该旅行网站页面中的各个版块中的图片都采用相同的尺寸与色调，同时页面中文字的字体、颜色、大小、间距等内容也非常统一，保证了网站页面整体的和谐，强化了该网站在消费者心中的印象。另外，统一的视觉效果让该网站中的导航结构非常清晰，便于消费者在网站中查找信息。

图7-13　整体和谐的网站页面

4. 视觉美观

视觉美观是网站页面视觉设计的一个非常重要的原则，其主要包括两个方面的内容。第1个方面是多媒体、交互设计等形式让网站页面变得更加独特和美观，是一种视觉上的美感；第2个方面是主次分明的网站结构所带来的美观性，也就是设计人员根据网站内容将页面划分为不同的区域，然后根据每个区域的重要性来进行不同的视觉表现，使整个页面结构清晰合理、主次分明，使网站页面既可以给消费者带来视觉上的愉悦感，也能让消费者轻松地接收网站所传达出的信息。

7.2 网站页面布局与视觉风格

设计人员在了解网站页面的视觉设计后，可根据网站的不同性质来进行页面布局，从而确定网站页面的视觉风格，这样不仅能提升网站页面的视觉效果，还能加深消费者的印象。下面对网站页面布局与视觉风格进行详细介绍。

慕课视频

网站页面布局与视觉风格

7.2.1 网站页面布局的常见方式

网站页面的布局会随着设计的趋势而不断发生变化，从而产生不同的布局方式，但无论如何其布局都需要做到主次分明、重点突出。设计人员在进行网站页面布局之前，可根据网站的目的和性质来选择合适的布局方式。

1. 通栏布局

通栏布局是网站中常用的布局方式，其结构简单、流程清晰，可以让消费者在浏览网页时不受到方框的限制，并且能够让展示的信息更加突出，给消费者留下深刻的印象，以吸引消费者进一步浏览该网站页面。这种布局方式比较适用于展现集中、独立、极简的内容，如网站登录页面、小型网站的顶部大图等，再结合交互式的动画设计可以让网站页面变得更加生动有趣，赋予页面更强的生命力，如图7-14所示。

该网站以一张代表品牌形象的图片为整个页面的背景，使消费者进入该网站时就能被整个氛围所感染。页面顶部放置了相应的导航栏，以交互的方式来展示该品牌的相关信息，并且简洁的页面上没有任何多余的信息展示，这样的布局方式给消费者带来了比较舒适的视觉体验。

图7-14　通栏布局网站页面

2. 双栏布局

双栏布局是指将整个网站页面一分为二，以双栏的方式将网站信息展示出来。一般来说，双栏布局多用于消费者目标不明确，同时网站的信息量比较大，但又不适合大图展示的时候。设计人员在设计双栏布局时可根据网站信息所占面积的大小来划分3种不同类型的双栏布局方式，下面进行详细介绍。

- 左窄右宽。左窄右宽是指双栏布局中左边的文字与图片信息所占面积比较小，右边则相对较大。为了适应消费者"先左后右""先上后下"的浏览习惯，设计人员可将网站中的导航信息放置在页面的左边，将网站中的其他具体内容放置在页面的右边，如图7-15所示。

该网站是德克士官方网站，其视觉设计上主要运用了大小不一的矩形块来区分不同的页面，并与文本内容相结合来展示商品，其布局主要是左窄右宽，左边放置导航信息，右边放置网站的具体内容，布局简单易懂，方便操作。

图7-15　左窄右宽的网站页面

● 右窄左宽。右窄左宽与左窄右宽的布局类型正好相反，设计人员在设计时一般会将导航栏放置在页面的右侧，将重要的文字与图片信息放置左侧面积较大的区域，让消费者在进入网站时能按照"从左到右"的浏览习惯将视觉重点放到主要内容上，如图7-16所示。

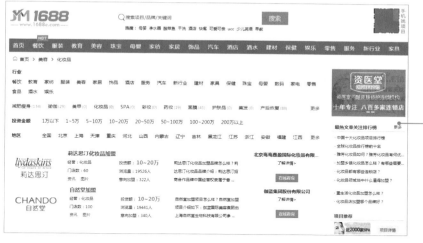

该网站页面的内容主次分明，左侧部分重点突出网站的重要信息，右侧部分主要放置一些活动广告或者次要信息。当消费者查看该网站时会自然地将视线集中在网站页面的左边重点信息处。

图7-16　左宽右窄的网站页面

● 左右均等。左右均等是指页面左右两侧的面积比例相差不大，其内容也比较相似，这种布局方式比较适用于网站页面内容没有主次之分的情况，设计人员在设计时一般是采用两个页面相同的版块来进行展现，但这在网站视觉设计中比较少见，如图7-17所示。

3. 三栏布局

三栏布局是指将网站页面一分为三进行展示，这种方式与双栏布局相比可以展示更多的网站信息。一般情况下，三栏布局中的左边内容为主要的菜单导航，右边为一些与网站内容相同的内容链接，中间则为网站的主要内容，这种布局可以让消费者将视觉中心放到中间位置，并能有效地突出重点内容，让网站页面更加充实、丰富。三栏布局适用于网站信息量大、内容较多的电商类网站和新闻门户类网站，如图7-18所示。

图7-17　左右均等的网站页面

该网站页面整体上采用了双栏布局中左右均等的布局方式，左右两边是均等的版块，页面结构清晰、简洁、大方。其视觉效果也比较好，让消费者在进入网站后会直接将视线集中在左右两栏的内容中，直接了解该网站的具体信息。

图7-18　三栏布局的网站页面

该网站是天猫官方电商网站，其视觉设计采用了两边两栏窄、中间一栏宽的布局方式。中间位置主要是展示网站的促销活动与商品的广告信息，而左右两侧分别放置商品的分类导航信息和推荐的商品活动广告信息，其信息量非常大，满足了不同类型消费人群的需求。

7.2.2　网站页面布局形态

　　网站页面布局形态作为一种视觉语言，在网页设计中有着非常重要的作用，设计人员可以通过不同的布局形态向消费者传达出网站的主要功能与情感。网站页面布局形态主要分为大众化网站页面布局形态与个性化网站页面布局形态，下面进行详细介绍。

1. 大众化网站页面布局形态

　　以大众化网站页面布局形态为主的网页可以基本上满足大多数消费者访问网站的目的，它注重页面的信息传达，可以方便消费者快速、熟练地使用网站，其布局结构上层次分明，主要是电商购物网站、专业门户网站等功能性网站，如图7-19所示。

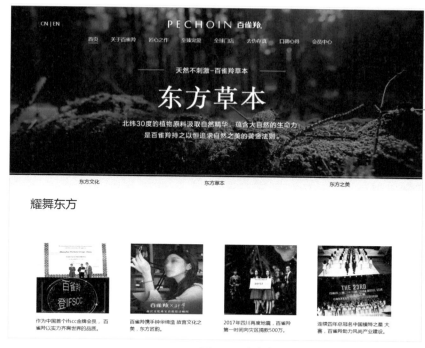

该网站是一个比较典型的大众化网页布局形态，其中 Banner 图采用了与品牌相关的图片元素及品牌的 Logo，文字居中对齐，排版非常清晰、整齐，让人一目了然，下方介绍了品牌的具体活动，主要分为 4 栏，分别放置了不同的活动内容，图片与文字的合理编排让页面的内容形式统一而富有变化。对于大众化网站布局形态来说，该页面准确地传达出了网站中的信息内容。

图7-19　大众化网站页面布局形态

2. 个性化网站页面布局形态

个性化网站页面布局形态是指其页面具有独特的个性与创意性，并且主题突出。个性化的网站页面布局形态主要是从网站性质或风格出发，注重消费者体验与网站的主题内容，另外，设计人员在布局个性化网站页面时还需要考虑该页面是否符合网站的性质与企业的经营理念，如图7-20所示。

该网站企业的主营商品是零食、糖果，为了突出其个性化的布局形态，设计人员以手绘的卡通画为页面背景，并添加了卡通人物、卡通云朵等作为装饰，整体上比较符合该企业的特色与风格。

图7-20　个性化网站页面布局形态

7.2.3　常见的网站页面视觉设计风格

网站页面视觉设计风格是指将网站页面中的视觉元素整合在一起所带给消费者的视觉感受。

一般设计人员要突出网站主题时，需要先了解常见的网站页面视觉设计风格，网站页面视觉设计风格不仅能够反映出网站企业的性质及其商品的特点，还能帮助该网站从众多网站中脱颖而出，加深消费者对该网站的印象，提升其企业品牌形象。常见的网站页面视觉设计风格有以下几种。

- 简洁风格。简洁风格的网站页面会给消费者一种清新、自然、雅致的感觉，一个简约的网站页面可以让页面中的各种信息层次显得更加清晰、简单、重点突出，同时减少不必要的视觉干扰，在缓解消费者的视觉疲劳上发挥重要作用。但需要注意的是，简洁风格的网站页面并不意味着单调、呆板的设计和对内容的简单删减，而是高度提炼设计精华、明确设计思想，如图7-21所示。

该网站页面将简洁的灯具商品图片与文字介绍相结合，采用了单一的背景颜色，并以简洁、统一的小图标作为装饰，给消费者一种精致、细腻的视觉效果，也能有效地突出商品特点，提高用户体验。

图7-21　简洁风格网站页面

- 扁平化风格。扁平化风格是指网站页面的设计元素应该保持简单造型，去除材质、渐变、阴影等多余装饰，页面简明清新、干净利落，将页面中的信息通过简单、直接的方式展示出来。设计人员在使用这种风格时需要运用矩形、圆形或者方形等简单的形状，让整个页面看起来更加整洁，在色彩的选择上应尽量选择更加鲜艳、明亮的色彩，色彩的搭配非常丰富且具有活力。另外，要尽可能地让每个消费者都能够理解其设计内容，以方便消费者更快地找到自己需要的内容，如图7-22所示。

该网站页面的视觉设计采用典型的扁平化设计风格，页面中的多数版块都使用了方块进行分割，使各部分内容划分得非常明确、美观，其表现方式也更加直接。

图7-22　扁平化风格网站页面

● 插画风格。插画具有辅助文字叙事的功能，其视觉冲击力比较强，可以给网站页面带来丰富的视觉效果，同时能给消费者一种"惊艳"的感觉。设计人员在设计这类风格时，可以在网站页面中添加一些插画或插画元素以增加页面的趣味性，让页面的主题更加明确，使页面显得不那么单调和乏味，如图7-23所示。

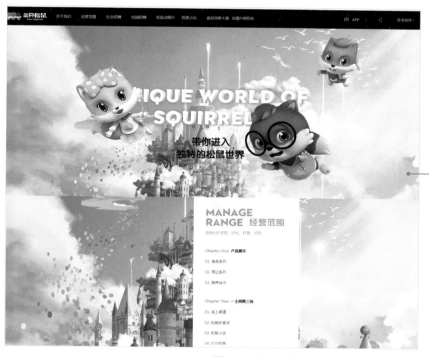

该网站是"三只松鼠"品牌的官方网站，页面中采用了非常醒目的卡通形象作为店铺Logo，并将卡通形象拟人化，借此讲述了该品牌的核心价值观，具有极强的亲和力。网站页面背景也采用了卡通风格的城堡，色彩丰富、鲜活艳丽、风格鲜明，非常容易受到年轻人的喜爱，其设计主题也非常明确。

图7-23 插画风格网站页面

● 中式传统风格。中式传统风格是以中国传统文化为基础，用现代的技术手法展现出传统的艺术特征，常使用莲花、水墨、印章等带有中式传统韵味的元素进行装饰。中式传统风格的网站页面常用于以传统文化和艺术为主题的页面中，可以体现出传统文化的审美意蕴，沉稳大方，如图7-24所示。

该网站是"陶然居"品牌的官方网站，其页面主要采用了一段具有中式传统风格的flash动画，该动画直接展现了一幅中式山水画的场景，并搭配了悠扬的古典音乐。其页面的整体设计比较典雅、别致，烘托出一种悠然的意境。

图7-24 中式传统风格网站页面

● 立体风格。立体风格是指设计人员在设计时通过一些简单的视觉技巧让平面的空间出现立体的效果，带有一种空间延伸感，让页面变得更有视觉冲击力，更加真实，从而提升消费者体验度，赋予作品一种更深层次、更有趣味性的视觉感受，加深消费者对于网站内容的印象，如图7-25所示。

设计人员将网站中笔记本电脑、电视机等家电进行合理的摆放，整体呈现出近大远小的视觉效果，符合透视学原理，并且将主题文字"购实惠 够安心"也设计为立体样式，整个页面在视觉上有很强的立体感与延伸性。

图7-25 移动端店招

慕课视频

网站页面的视觉设计流程

7.3 网站页面的视觉设计流程

设计人员可以在了解网站页面的布局与设计风格的基础上，按照既定的视觉设计流程进行设计，这样可以在提高工作效率的同时保证其视觉效果能够符合设计规范，并能满足企业和消费者的需求，下面进行详细介绍。

7.3.1 需求分析

设计人员在进行网站页面的视觉设计时需要从多个角度来考虑设计需求，如企业需求、消费者需求等，下面进行详细介绍。

1. 企业需求分析

在对一个网站页面进行视觉设计前，设计人员应先了解该企业需要一个什么样的网站页面，明确企业建立网站的目的，这样便可以确定网站的主要内容与布局，确定该企业是需要大众化网站页面布局还是个性化网站页面布局。

2. 消费者需求分析

网站页面视觉设计的最终目的是为消费者服务，因此网站页面的视觉设计还需要满足消费者的需求，并且对用户进行准确定位，掌握消费者的年龄、兴趣、职业等信息。

7.3.2 制作原型图

设计人员在制作原型图前可先使用手绘的方法自行绘制草图，草图的效果不必太过于精确，只需表现出整体的比例和轮廓，展现出设计思路即可，然后再与技术人员沟通设计方案的可行性,待确定网站页面的基本概念后,即可根据草图效果来进行原型图的制作。原型图一般可分为高保真原型图和低保真原型图。高保真原型图与真实界面比较相似,有一定的真实视觉效果,但其设计周期比较长;低保真原型图可以直接由简单的线条组成,其优点是制作周期短,比较适用于小型项目,但相对于高保真原型图来说其美观度较差,比较粗糙。网站原型图的作用主要是展现网站的界面和互动流程,利用原型图可以模拟真实的网站排版布局和互动流程,以此来评估网站页面的可行性,如图7-26所示。

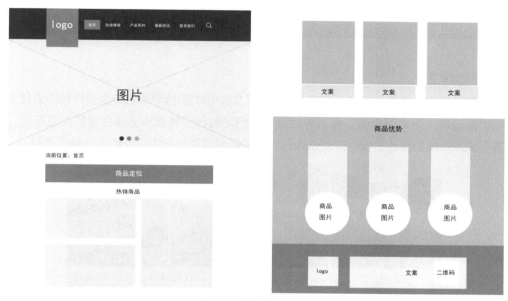

图7-26　网站页面原型图

7.3.3　确定网站页面的风格与规范

网站页面原型图的布局完成后,设计人员即可根据原型图来明确网站页面的整体风格与规范。网站页面的风格决定了网站的整体基调,一般是以网站的类型为基础进行风格设计;网站页面的规范是指网站所有页面中共有的东西,如字体的大小、图片的风格和尺寸、按钮的样式、色彩的搭配等固定为统一元素,这些元素是消费者访问网站时的固定凭证,能加深消费者对网站的印象。同时,为了准确地划分页面区域,设计人员在设计过程中可使用辅助线在网站页面中进行辅助设计。另外,为了在保证网页流畅性的同时不会降低视觉显示效果,设计人员在制作网站页面规范时,可设置网站页面的分辨率为"72像素/英寸"。

7.3.4　制作网站页面

当确定了网站页面的风格与规范后,设计人员即可进行网站页面的制作,其制作方法是将之前制作完成的原型图转化为最后的效果图,其流程是先进行整体设计,再进行局部的细节调整,最终进行效果图的呈现。

7.3.5 网站页面切片

网站页面切片是指将制作完成的网站页面效果图分割为多个碎片，最后由技术人员通过代码将网站页面的视觉效果展现出来。网站页面切片可以提高页面的加载速度，提升消费者的使用体验。设计人员在进行切片时需要先分析网站的整体布局，并根据网站的结构布局划分出需要切片的内容，然后再进行切片。

⊛ 项目要求

本例是根据提供的素材文件（配套资源:\素材文件\第7章\旅游网站首页设计辅助素材）为旅游网站页面设计一张首页页面。要求根据旅游类网站的行业特点来选择合适的页面布局，然后进行各个区域的视觉设计。图7-27所示为设计旅游网站首页过程中可能用到的辅助素材。

图7-27　旅游网站首页设计辅助素材

⊛ 项目目的

运用本单元所学知识，按照网站页面视觉设计流程来合理安排旅游网站首页页面中的文字与图片元素，使页面符合消费者的功能需要与审美需求，同时能够掌握旅游网站首页页面的设计方法，并做到举一反三。

⊛ 项目分析

一般来说，消费者浏览旅游网站是因为其有旅行的需求，想通过网站中的图片与文字等信息来确定旅游地点。相对于其他网站页面来说，旅游设计类网站更注重图文的呈现方式，因此，设计人员在设计此类网站页面时要注意图片的美观度及文案的简洁性，给消费者一种愉悦的视觉感受，图7-28所示为本例的效果呈现。

● 背景分析。近年来，随着消费者生活水平的提高，现代旅游业获得了迅速发展，为企业带来了更多商机。本例将从交通、游览、住宿等方面进行网站页面的视觉设计，为消费者提供个性化、人性化的定制服务。

● 色彩分析。由于本例所设计的网站属于休闲旅游类的网站，为了突出轻松、休闲的特征，本例在色彩的选择上主要采用了主色调为蓝色，辅色调为黑色、灰色，背景色为白色的配色方式，这种淡色系的色彩搭配可以在视觉上给消费者一种轻松、悠闲的感觉。

● 布局分析。在布局的选择上，为了给消费者一定的想象空间，增加页面的视觉美观度，本例减少了页面中其他元素的添加，让页面有足够的留白，以减轻消费者视觉上的压力，让其轻松愉悦地寻找自己的旅游目的地。同时，简化页面的视觉设计元素也让整个网站的布局显得更有设计感与空间感。

● 风格分析。本例中旅游网站面对的目标消费群体主要为年轻人，因此网站页面在视觉设计上主要采用了扁平化的设计风格，以图片的展现为主，不仅可以迎合年轻人的喜好，也更符合当下的潮流趋势。

图7-28 旅游网站首页视觉设计效果

⊗ **项目思路**

本例的文字信息比较少，主要是通过图片的展示和页面的布局来提升整个视觉效果，因此，各部分的内容都应在合理的空间内进行布局，最终完成设计。其思路如下。

（1）制作网站原型图。本例主要根据网站页面的布局来制作原型图，制作时尽量让原型图与实际效果图的比例大小相符合，图7-29所示为本例的原型图。

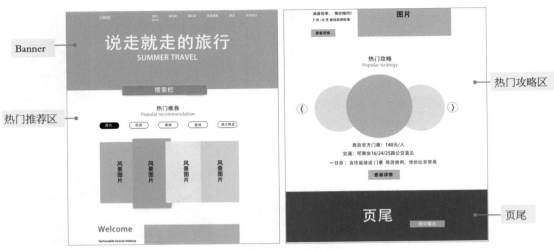

图7-29　旅游网站首页原型图

（2）Banner视觉设计。由于本例是与旅游行业有关的网站，所以选择了一张高清的风景图片作为Banner页面的背景。设计人员应注意在选择背景图片时，需尽量避免选择背景太过于杂乱和花哨的图片，以免影响主题文字的突出；在文字的表达上也应避免大量的文字描述，以免使消费者产生视觉疲劳。同时，本例将搜索栏放置到了Banner页面的中下方位置，便于消费者搜索查看信息。

（3）热门推荐区设计。本例的热门推荐区共分为两个部分：第一个部分主要是推荐区的信息导航，消费者可以先通过该导航选择国内或者国外的旅游目的地，再根据目的地在下方的图片展示区域选择合适的城市；第二个部分主要展现的是根据消费者的浏览习惯所精准推荐的热门旅游地点。

（4）热门攻略区设计。本例的热门攻略区的展示与热门推荐区的展示类似，都采用了图片滚动的方式进行，保持了视觉上的一致感。热门推荐区的图片展示为矩形，而热门攻略区的图片展示为圆形，又体现出了不同的设计感，营造出了不同的视觉效果，最后在展示图片的下方添加简单的攻略介绍和跳转按钮，通过跳转按钮引导消费者查看具体的旅游攻略信息。

（5）页尾设计。本例的页尾部分主要运用了文字和装饰矩形等元素来进行视觉设计，在文字的选择上采用了统一的左对齐方式，让整体页面在视觉上有一种统一感。另外，页尾部分还有一个提交信息的按钮，该按钮采用了不同的颜色来加以区分。

⊛ 项目实施

本例主要根据项目思路来进行具体的内容设计，将整个网站页面划分为Banner、搜索框、热门推荐图、热门攻略图和页尾5个部分，其具体操作如下。

（1）在Photoshop CC中新建大小为1 920像素×4 140像素、分辨率为

慕课视频

设计旅游网站首页页面

72像素/英寸、名为"旅游网站视觉设计"的文件。

（2）制作Banner。选择"视图"/"标尺"命令在工作区中显示标尺，选择"矩形选框工具"▣，在工具属性栏中将"样式"设置为"固定大小"，"宽度"设置为"360像素"，在文件左上角的灰色区域单击创建选区，从左侧的标尺上拖动参考线到选区右侧对齐，使用相同的方法在文件右侧创建参考线，如图7-30所示。

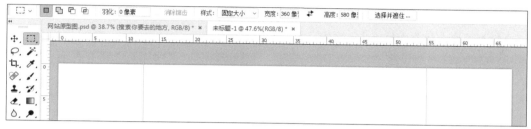

图7-30　设置参考线

（3）打开"Banner.jpg"图像文件（配套资源:\素材文件\第7章\旅游网站首页设计辅助素材\Banner.jpg），将其拖动到页面顶部，调整大小和位置。选择"矩形工具"▣，在页面顶部绘制大小为1 920像素×710像素、颜色为"#000000"的矩形，并在"图层"面板中设置不透明度为"20%"，效果如图7-31所示。

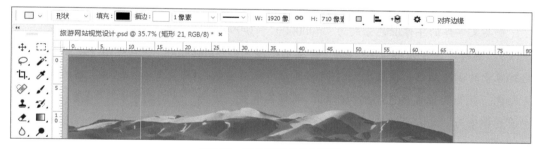

图7-31　添加素材并绘制矩形

（4）选择"横排文字工具"▣，在工具属性栏中设置字体为"黑体"，字体颜色为"#ffffff"，输入图7-32所示的文本，调整字体大小和位置。选择"直线工具"▣，在"首页"文字的下方绘制一条63像素×8像素的直线，并设置粗细为8像素，颜色为"#ffffff"。

图7-32　输入文本

（5）制作搜索框。选择"圆角矩形工具" ，将填充色设置为"#ffffff"，在Banner下方绘制半径为30像素的圆角矩形，选择圆角矩形图层，按住【Alt】键将其向右拖动复制1个圆角矩形，修改复制的圆角矩形的颜色为"#5d78b3"，调整其大小与位置，如图7-33所示。

（6）打开"放大镜.png"图像文件（配套资源:\素材文件\第7章\旅游网站首页设计辅助素材\放大镜.png），将其拖动到白色圆角矩形内，调整大小和位置。选择"横排文字工具" **T**，在工具属性栏中设置字体为"黑体"，字体颜色分别为"#000000""#ffffff"，在白色圆角矩形框内输入"搜索你要去的地方"文本，效果如图7-34所示。

图7-33　绘制圆角矩形

图7-34　添加素材并输入文本

（7）选择搜索框的所有图层，按【Ctrl+G】组合键将其内容放置到新建的组中，选择图层组，为图层组添加阴影。

（8）制作热门推荐图。选择"横排文字工具" **T**，在工具属性栏中设置字体为"黑体"，中英文字体的字体颜色分别为"#000000""#999999"，输入图7-35所示的文本。

（9）选择"圆角矩形工具" ，将填充色设置为"#000000"，在热门导航栏下方绘制半径为30像素的圆角矩形，按住【Alt】键将其向右拖动复制4个圆角矩形，取消复制的圆角矩形的填充颜色，并为其设置黑色的描边形状，调整其位置。选择"横排文字工具" **T**，在工具属性栏中设置字体为"Adobe 黑体 Std"，字体颜色分别为"#2a2a2a""#333333"，在圆角矩形上方分别输入"国内""欧洲""非洲""亚洲""澳大利亚"文本，调整其大小与位置，如图7-36所示。

热门推荐
Popular recommendation

图7-35　输入文本

图7-36　绘制圆角矩形

（10）选择"矩形工具" ，在文字下方绘制4个矩形，第1、3、4个矩形的大小相同，为300像素×550像素，第2个矩形的大小为300像素×606像素。打开"推荐.psd"图像文件（配套资源:\素材文件\第7章\旅游网站首页设计辅助素材\推荐.psd），将其中的风景图片分别拖动到4个矩形上方，调整大小和位置，并使用"剪切蒙版"命令将图片置入到矩形中，如图7-37所示。

（11）选择"矩形工具" ，在4张图片的下方分别绘制大小为300像素×86像素、颜色为"#000000"的矩形，在"图层"面板中设置不透明度为"30%"，选择"横排文字工具" **T**，在工具属性栏中设置字体为"Adobe 黑体 Std"，字体颜色为"#ffffff"，在矩形上方分别输入文本（配套资源:\素材文件\第7章\旅游网站首页设计辅助素材\文本素材1.txt），调整其大小与位置，如图7-38所示。

图7-37　添加素材

图7-38　输入文本

（12）选择"横排文字工具"，在工具属性栏中设置字体为"Adobe 黑体 Std"，中英文字体的字体颜色分别为"#292929""#5d78b3"，在矩形下方分别输入文本（配套资源:\素材文件\第7章\旅游网站首页设计辅助素材\文本素材2.txt）。选择"圆角矩形工具"，将描边色设置为"#1c1c1c"，粗细为3像素，取消填充，在文字下方绘制半径为30像素的圆角矩形，并在其中输入"查看详情"文本，如图7-39所示。

（13）打开"热门推荐.jpg"图像文件（配套资源:\素材文件\第7章\热门推荐.jpg），将其拖动到文字右侧，调整大小和位置，如图7-40所示。

图7-39　输入文本

图7-40　添加素材

（14）制作热门攻略图。选择"横排文字工具"，在工具属性栏中设置字体为"黑体"，中英文字体的字体颜色分别为"#000000""#999999"，输入"热门攻略 Popular Strategy"文本。

（15）选择"椭圆工具"，按住【Shift】键，在"热门攻略"标题文本图层下绘制圆形，第1、3个圆形的大小相同，为400像素×400像素，第2个矩形的大小为500像素×500像素。打开"攻略.psd"图像文件（配套资源:\素材文件\第7章\旅游网站首页设计辅助素材\攻略.psd），将其中的风景图片分别拖动到3个圆形上方，调整大小和位置，并使用"剪切蒙版"命令将图片置入到圆形中，如图7-41所示。

（16）选择"横排文字工具" ，在工具属性栏中设置字体为"Adobe 黑体 Std"，字体颜色为"#333333"，在图片下方分别输入文本（配套资源:\素材文件\第7章\文本素材3.txt）。选择"圆角矩形工具" ，将填充色设置为"#fa4a04f"，在文本下方绘制半径为30像素的圆角矩形，并在其中输入"查看详情"的白色文本，如图7-42所示。

图7-41　绘制圆形并添加素材

图7-42　输入文本

（17）制作页尾。选择"矩形工具" ，在页面底部绘制颜色为"#333333"、大小为1 920像素×434像素的矩形，并在"图层"面板中设置不透明度为"79%"，选择"横排文字工具" ，在工具属性栏中设置字体为"Adobe 黑体 Std"，文字颜色为"#ffffff"，在矩形中输入文本（配套资源:\素材文件\第7章\旅游网站首页设计辅助素材\文本素材4.txt），如图7-43所示。

图7-43　绘制矩形并输入文本

（18）选择"矩形工具" ，在工具属性栏中设置描边颜色为"#ffffff"，描边宽度为"1像素"，取消填充，在页尾右侧绘制4个矩形，在"提交留言"下方绘制填充颜色为"#f54f4f"、无描边的矩形，如图7-44所示，完成后清除参考线并保存文件（配套资源:\效果文件\第7章\旅游网站视觉设计.psd）。

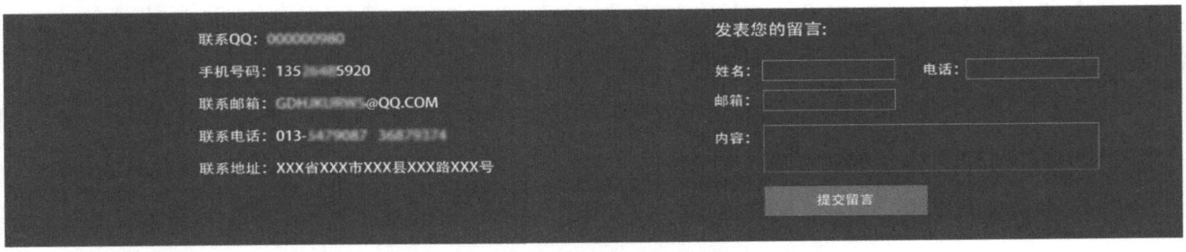

图7-44　绘制矩形

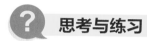

? 思考与练习

1. 不同类型网站页面的特点是什么？

2. 网站页面视觉设计风格有哪些？简述其特点。

3. 网站页面的布局形态表现在哪些方面？

4. 根据提供的素材文件（配套资源:\素材文件\第7章\美食网站素材）制作美食网站首页页面，参考效果如图7-45所示（配套资源:\效果文件\第7章\美食网站首页.psd）。

图7-45　美食网站首页

Chapter 8

第8章
活动广告页面视觉设计

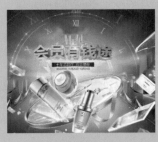

8.1 明确活动广告的目的

8.2 活动广告页面的设计原则

8.3 活动广告页面的设计要求

	学习引导		
	知识目标	能力目标	情感目标
学习目标	1. 了解不同活动的目的 2. 了解活动广告页面的设计原则 3. 了解活动广告页面的设计要求	1. 了解活动目的 2. 掌握活动广告页面的设计原则与要求 3. 掌握活动广告页面的设计方法	1. 培养良好的活动页面视觉设计素养 2. 培养严谨的工作作风和良好的工作习惯
实训项目	1. 分析"中秋节"活动广告页面 2. "化妆品节"促销广告视觉设计		

　　随着互联网技术的日益发展和成熟，活动广告已经成为互联网各平台中比较常见的一种促销手段，尤其是电商、微信公众号等平台上的活动广告更是随处可见。虽然活动广告的平台不同，但其活动广告页面的设计原则与要求是相同的，都是为了达到活动广告的营销目的，本单元将从活动广告的角度入手进行详细介绍。

8.1 明确活动广告的目的

慕课视频

明确活动广告的目的

　　活动广告的目的不同，页面所呈现的视觉效果就不同，如页面风格、主题诉求和装饰元素等就会因活动广告目的的不同而呈现出较大差异。因此，设计人员在设计活动广告时需要先明确活动广告的目的。活动广告的目的主要可分为以下4种，分别是拉新、留存、扩大品牌知名度和清理库存，下面进行详细介绍。

8.1.1 拉新

　　拉新是一种常见的活动广告目的，通过拉新不但可以吸引新消费者关注品牌和购买商品，而且能够维护原有的消费者，增加品牌的曝光量，再加上与原有消费者的回访互动，能够维持其黏性。拉新的视觉设计方式也随着互联网平台的不同而形式多样，尤其是近年来非常火爆的H5视觉设计因为其具有丰富多样的形式、强大的互动性和良好的视听体验，能迅速吸引消费者的视线，因此H5也成为以拉新为目的的广告活动的载体之一。图8-1所示为一个以拉新为活动目的H5页面，该页面的活动主题是收集徽章赢取抽奖机会，从设计上看，不仅其互动小游戏的活动形式可以引起消费者的兴趣，而且在徽章收集过程中可邀请好友助力以获得更多徽章的活动方式还可以帮助品牌吸引到更多的活动流量，这不但有利于维护品牌原有消费者之间的关系，也达到了吸引新消费者关注的活动目的。

图8-1　以拉新为目的的活动广告页面

8.1.2　留存

互联网中拥有海量的广告信息，这也意味着消费者的选择范围会更加广泛，一成不变的信息会让消费者感到厌倦，为了留住消费者，保持其对品牌的兴趣与新鲜感，商家会不定期做一些活动，增加消费者的黏性。一般来说，节假日、品牌日或者会员日等带有一定噱头的日期、节点都被平台与商家充分利用，配合促销活动，营造出购物的气氛，以提升营销效果，最终达到留住消费者的目的。图8-2所示为一张利用元旦节来营销的活动海报，其主要是通过节日活动广告来留住消费者。

图8-2　以留存为目的的活动广告页面

8.1.3　扩大品牌知名度

扩大品牌知名度主要是指在活动时间段，不以销售商品或者展示商品为主要目的，而是通过对品牌调性、品牌故事进行设计性展示等方式来扩大品牌知名度，吸引更多的消费者。一个以扩大品牌知名度为目的的优秀活动广告不仅能够完整地展示商品，而且能够提升品牌形象，激发消费者的购买欲望，给消费者留下深刻印象，如图8-3所示。

图中两个活动广告页面都是在品牌形象的基础上进行设计，以充满品牌调性的设计元素和风格来加深消费者对品牌的印象。左边第1张活动图片中的主营商品是零食，消费者多为年轻人，因此其设计风格偏向于可爱、活泼；左边第2张图片页面简洁大方，以自然、清新的绿色调为主色调，设计上采用了具有设计感的花卉元素，比较小清新，与品牌倡导环保的自然主义的理念相契合，突出了品牌调性。

图8-3 以扩大品牌知名度为目的的活动广告页面

8.1.4 清理库存

一些应季的商品，如果在当季没有清仓，也可以在反季节适当的时候进行清仓处理，如冬季未卖完的羽绒服，或者因滞销而临近保质期的商品，都可以将其进行清仓处理。一般来说，以清理库存为活动目的的广告在互联网各平台上是比较多的，图8-4所示为常见的清仓Banner广告，该广告主要通过促销文案"限时促销""全场6折""买二免一"来体现出清仓的优惠折扣，以吸引消费者购买。

图8-4 以清理库存为目的的活动广告页面

8.2 活动广告页面的设计原则

慕课视频

活动广告页面主要是将活动信息准确地传递给消费者，让消费者积极参与到活动广告中，最终达到活动目的。设计人员在设计活动广告页面时，为了让消费者更清楚地了解到活动内容，需要遵循活动广告页面的设计原则，下面进行具体介绍。

活动广告页面的设计原则

8.2.1 主题突出

活动主题一般包括减价、促销、折扣及其他的促销内容，主题突出是指将主题放在活动广告页面的视觉中心位置，让所有的设计元素都围绕主题展开，并根据主题内容运用恰当的色彩和风格，最终达到吸引流量、促进销售的目的。下面介绍让主题突出的3种常用方式。

图8-5 利用视觉引导的活动广告页面

- 突出文案。文案应简洁高效，准确地传达出活动广告信息，并且在统一大面积文字颜色的前提下，将主题文案用强对比色进行突出显示，让文案的层级更加明显。

- 重视排版。排版上可将重点内容放到页面中间，以此来突出视觉中心，让人一目了然。尤其是在展示主体很明确的情况下，设计人员使用中心型的排版更能很好地突出主体、聚焦视线。

- 视觉引导。视觉引导是指设计人员在设计中利用一些具有指向性的设计元素，如方向、色彩、位置、人物动作和留白等共同完成对指定主题内容的指向，让消费者的视线跟着页面元素的引导。图8-5所示的页面通过运用红色的线条来提示消费者向下继续浏览，并使消费者的视觉焦点集中在红色的线条所指示的内容上，可以有效引导消费者单击按钮，提高其购买商品的几率。

8.2.2 风格统一

简单来说，风格就是一种视觉感受，不同的页面会有不同的风格，而页面风格的统一是视觉设计的基础。风格的统一会使整个页面显得更加干净、美观，让页面中的信息清晰、明了地传达给消费者，加深消费者的印象，因此，设计人员在进行活动广告页面的视觉设计时应该对整体的风格定位有一个清晰、完整的思路，设计中所使用到的素材、背景、文字等元素，从颜色搭配到页面布局都应该保持一致。图8-6所示为H5形式的风格统一的新品促销活动广告页面，该页面中的可爱型字体、手绘装饰元素、明亮的色彩搭配等都让整个页面的风格更加统一和谐。

图8-6　风格统一的活动广告页面

8.2.3 目标明确

　　不同的目标人群会有不同的审美特征，如女性会比较喜欢清新、浪漫的页面设计，而男性更倾向于稳重、时尚、简洁的页面设计。另外，消费人群的其他特征也会导致其所关注的活动页面内容会有所不同，如消费水平较低的人群更倾向于注意减价、促销活动的广告内容，而有一定消费能力的人群，则更关注健康、有创意的广告内容。图8-7所示的左侧的活动页面中没有非常明确的价格提示，只是对商品特点进行展示；而右侧的活动页面中则重点展示了商品的促销价格，这两种页面会吸引到不同的目标人群进行消费。

图8-7　目标明确的活动页面

147

8.3 活动广告页面的设计要求

明确活动目的后，还需要对活动页面的设计要求进行了解，增强消费者对活动的直观感受，以激发消费者参与活动的兴趣。活动广告页面的设计要求可以从明确活动主题风格、合理搭配色彩、合理搭配点缀物和营造促销氛围4个方面来进行介绍。

活动广告页面的设计要求

8.3.1 明确活动主题风格

活动广告的目的是营销，其视觉设计也是为消费者服务，因此明确活动主题风格应该从消费者的需求出发，基于此前提，设计人员可以根据性质将主题风格分为故事性、娱乐性和营销性3类，下面进行详细介绍。

1. 故事性

故事性是指以一个故事或者一个能够贯穿活动页面的引子（如宝宝的一天、寻宝故事）为中轴线，结合品牌的活动内容进行设计和策划的一类主题风格。图8-8所示的H5活动广告即以童年为主题，描述了童年发生的一些趣事。整个页面的色彩与场景都是卡通风格，加上能够引起童年记忆的商品，让人轻松回忆起童年生活，更能引起年轻一代消费者的共鸣。

图8-8　故事性活动广告页面

2. 娱乐性

娱乐性是指设计人员通过趣味性元素来进行页面设计或借助恶搞热点事件来提升页面的娱乐性的一类主题风格。通常来说，娱乐性的画面会打破常规的设计风格，让消费者在看到页面时，就能感受到其趣味性，令人耳目一新。

3. 营销性

营销性是指简单明了地通过页面渲染促销打折商品的一类主题风格。这类页面利益点通常在页面正中间放大显示或者利用突出性的颜色进行展现，整个页面是以烘托促销氛围为主。营销性风格的活动广告页面整体颜色会偏向红色、黄色这种具有明显促销感的颜色，以增强对消费者的视觉冲击力，如图8-9所示。当然，有些视觉设计并不需要使用红色、黄色这种大促色也能达到利益性明确的效果，如图8-10所示，该页面将营销信息进行放大显示，同时搭配具有视觉冲击力的元素来体现出活动感。

图8-9　以红色来突出促销感

图8-10　以具有冲击力的视觉设计来体现促销感

8.3.2　合理搭配色彩

色彩是活动广告页中非常重要的设计元素，色彩的渲染可以增强页面的活动氛围，给消费者带来更强的视觉冲击。在进行色彩搭配时，设计人员要在遵循色彩搭配原则的基础上，按照活动主题、主体物来合理搭配色彩，以更好地营造活动氛围。

1. 通过活动主题搭配色彩

活动主题是决定页面设计方向的前提，设计人员可以直接以活动主题为依据进行页面素材、色彩和主体的搭配。而活动主题本身具有一定的风格倾向，这也间接限制了页面的配色区间。例如，酷暑节、夏日狂欢等夏日专属促销活动，在配色时就应该选择冷色调来进行清爽、降温的氛围渲染；年终盛典、"11·11""12·12"等盛大活动，则可以使用大面积的暖色来进行热闹、狂热、张扬、温馨的氛围渲染，以与活动主题风格相匹配，如图8-11所示。

该海报是新年促销活动海报，其页面色彩以红色为主，搭配黄色、白色来进行辅助配色，突出了新年热闹、温馨的视觉形象，同时也营造出了新年喜庆的活动氛围。

图8-11　通过活动主题搭配色彩

2. 通过主体物搭配色彩

主体物是画面中最重要的部分，活动页面中的主体物一般是商品或模特，设计人员可以直接通过它们的颜色来进行页面色彩的搭配。其方法主要有3种：一是提取主体物中颜色比重较大的颜色作为主色，以与主体物之间形成呼应，使页面的整体配色和谐统一；二是提取主体物中颜色比重较小的颜色作为主色，以更好地进行页面颜色的扩展，拉开主体与背景之间的层次；三是提取主体物的反色，即提取主体物中颜色比重较大的颜色的对比色或间隔色作为主色，以让主体物的视觉形象更加鲜明，增强画面的视觉冲击力，如图8-12所示。

左边第1张图中的主体物的色彩主要是淡绿色、白色和粉色，因此整个页面的色彩选择了粉色和白色作为背景色来搭配主体物，让商品的色彩与整体页面更加和谐。左边第2张图是会员活动广告页面，该页面的主体物为蓝色化妆品，整个页面的背景色为较深的蓝色，让主体物与背景更加层次分明，同时页面也选择了蓝色的玻璃素材作为装饰，具有一定的视觉冲击力。

图8-12　通过主体物搭配色彩

8.3.3 合理搭配点缀物

点缀物可以根据需要进行添加，以更好地烘托氛围，起到画龙点睛的作用。点缀物素材需要根据页面的整体风格来进行设计，可以是图案、点、线、面等。

● 图案。在页面中添加与主题相关的图案，可以丰富页面的内容，使页面更加生动有趣。例如，中秋节活动广告页面中常添加带有月亮、玉兔等元素的装饰图案；端午节活动广告页面中常添加粽叶、糯米等装饰图案；促销活动广告页面中常添加彩带、礼花等装饰图案。

● 点。点具有凝聚视觉的作用，可以使页面布局显得合理、舒适、灵动且富有冲击力。点的表现形式丰富多样，既可以是圆点、方点、三角点等规则的点，又可以是锯齿点、雨点、泥点、墨点等不规则的点。

● 线。线在视觉形态中可以表现长度、宽度、位置、方向性，具有刚柔共济、优美和简洁的特点，经常用于渲染页面，引导、串联或分割页面元素。线分为水平线、垂直线、斜线、曲线。不同线的形态所表达的情感是不同的，直线单纯明确、大气庄严；曲线柔和流畅、优雅灵动；斜线具有很强的视觉冲击力，可以展现活力。

● 面。点的放大即为面，线的分割产生各种比例的空间也可称为面。面有长度、宽度、方向、位置、摆放角度等特性。在页面中面具有组合信息、分割画面、平衡和丰富空间层次、烘托与深化主题的作用。利用面来装饰页面时需要注意面不能覆盖主体，否则容易模糊主体，造成页面氛围的破坏。

图8-13所示的坚果活动广告页面就灵活运用图案、点、线等装饰素材来进行页面的点缀，使页面内容更加丰富、风格更加鲜明。

① 页面中的卡通人物图案在统一页面风格的同时，增添了趣味性。

② 画面中的小坚果零星地散落在背景中点缀画面，拓展了画面的内容丰富程度，同时也使画面具有了节奏感与韵律感。

③ 以直线条将页面一分为二，让画面呈现出一种非对称平衡的布局样式，符合当前页面的整体风格，并使页面更加灵动自然。

图8-13 页面点缀物的运用

8.3.4 营造促销氛围

促销活动的本质即为商家在限定时间、数量或平台的情况下，吸引消费者大量、集中购买商品，因此营造促销氛围就显得尤为重要。在此需注意以下几个方面。

1. 突出限制提示

当消费者查看到活动页面后，应尽量促使其立即作出购买决策，不给消费者反复思考的机会，或者让消费者认为不立即购买对其自身是一个损失。因此，设计人员可在页面设计中人为地营造出各种限制条件，如时间限制、数量限制等，使消费者产生一种紧迫感，快速刺激其产生立即购买的心理。

● 时间限制。倒计时、×小时限时抢购、最后×分钟等时间方面的条件限制，可以很好地突出时间的紧迫感，营造一种迫不及待的活动氛围，提高消费者的购买欲望。在设计时，设计人员可以通过突出时间的方式来进行表示，如时钟、倒计时等，以增强消费者面对时间的压力。

● 数量限制。限量特供、已抢光、前××名、最后×件等数量方面的条件限制，可以突出商品的热销程度，刺激消费者产生"不买就会错过"的心理，如图8-14所示。该页面中的"限量赠送1000支""数量有限赠完即止""买一送一""优惠券限量4万份"等文字，都是为了给消费者营造一种促销的紧迫感，促使消费者快速下单。

图8-14　使用数量限制的活动广告页面

2. 添加引导标签

在活动页面中添加引导标签可以激发消费者的购物行为，使消费者忍不住点击标签进入商品详情页面。"抢""点击查看""立即购买"等引导标签适当地出现在海报、商品信息处，即可达到对应的作用。图8-15所示的"美的"空调"12·12"活动页面就是通过箭头指示图标和"立即抢购""下单送""点击查看"等来引导消费者点击并购买。

图8-15　添加引导标签的活动广告页面

 项目一▶ 分析"中秋节"活动广告页面

慕课视频

分析"中秋节"活动
广告页面

⊗ **项目要求**

本例要求运用本单元所学知识来分析"中秋节"活动广告页面，在分析时要先查看其主题内容是否突出，再查看该页面中的风格是否统一，各元素之间的搭配是否合理，最后，再分析该页面的目标是否明确。

⊗ **项目目的**

通过本例的分析对"中秋节"活动广告页面的设计原则、设计要求等相关知识进行巩固，了解活动广告页面的设计方法，并能够根据这些分析内容设计出中秋节的活动页面，同时也可在此基础上得到学习与拓展，掌握其他节日活动广告页面风格的定位和设计方法。

⊗ **项目分析**

中秋节是一个非常传统的节日，其主题与风格的体现需要非常明确，节日氛围应更加浓厚，在体现氛围的同时进行活动的促销。本例分析的内容为"中秋节"活动广告页面，如图8-16所示，主要是从活动主题、风格、色彩、点缀物、促销氛围等方面进行分析。首先，本例是以中秋节的活动促销为目的的，因此其内容中会有一些活动信息的展示，如优惠券展示、好礼盛惠、单品推广区；其次，本例的主题为"中秋节"，因此，除了添加一些与中秋节相关的月亮、玉兔、嫦娥等具象元素外，还可着意为消费者塑造"皓月当空、月色朦胧"等意象，而中秋节是一个极具中国传统文化色彩的节日，因此设计人员将由此发散思维联想到的具有中国特色的荷花、孔明灯等一些传统节日元素作为点缀物进行设计；最后结合主题、风格、色彩、点缀物、活动促销等多个方面来营造中秋节的促销氛围。

图8-16　中秋节活动广告页面

⊛ 项目思路

本例通过"主题突出→风格统一→目标明确"的项目思路来进行页面的分析，其具体思路如下。

（1）主题突出。首先本例的"中秋节"活动广告页面中展现了大量的促销活动内容，明确了以留存为活动目的的活动主题；其次再运用本例中"月满中秋 踏月还乡"的文案来点明主题内容；最后用手绘风格的月亮、桂花、荷花、玉兔、孔明灯、嫦娥等装饰元素并搭配整体色调共同构建了一个有故事、有画面感的场景，突出了主题风格。

（2）风格统一。本例所使用到的月亮、荷花、玉兔、孔明灯等装饰素材及以蓝色为主，白色、橙色、绿色为辅的色彩搭配都与中秋节的主题相融合，共同营造出了在中秋佳节的夜晚赏月的活动氛围。

（3）目标明确。中秋节是一个有特殊寓意的传统节日，其目标消费人群占据各个年龄阶段，本例通过在中秋节能够与亲人团聚的寓意，运用"月满中秋 踏月还乡"等文案抓住了消费者的心理活动，迎合了大多数目标消费人群的需求。

项目二 ▶ "化妆品节"活动广告页面视觉设计

⊛ 项目要求

运用本单元所学知识，利用Photoshop CC设计"化妆品节"活动广告页面，要求其内容要明确以留存为目的，注重活动广告页面的设计原则，并按照活动广告页面的设计要求进行制作。

⊛ 项目目的

本例将根据提供的素材文件（配套资源:\素材文件\第8章\化妆品节辅助素材），制作一个活动广告页面，如图8-17所示，并在此基础上按照活动广告页面的设计要求进行扩展设计。

通过该项目的制作对活动广告页面的设计原则、设计要求等相关知识进行巩固，能够举一反三地设计出其他活动目的的活动广告页面，并掌握活动广告页面的构思与设计方法。

图8-17 "化妆品节"辅助素材

项目分析

以留存为活动目的的活动广告在互联网视觉设计中非常常见，其主要是以提升消费者活跃度、减少消费者流失为出发点，消费者会更加关注活动本身而非商品，因此设计人员在设计此类页面时要注意在页面中告知消费者具体的活动内容和时间。

本例的活动广告页面是以春季化妆品节为主题，画面中主要包含背景、商品、活动主题、活动时间、活动内容、装饰元素。为了让商品图片与留存活动主题相匹配，首先在色彩的选择上，设计人员主要采用了商品中包含的绿色和黑色作为主色调；其次，在结构划分上，本例采用了左文右图的划分方式；最后再结合活动广告页面的设计要求进行设计，图8-18所示为本例的设计参考效果。

图8-18 效果展示

项目思路

在进行活动广告页面视觉设计前，设计人员需要先通过活动的目的来明确活动主题与风格，从色彩的合理搭配分析到点缀物的选择与搭配，再到促销氛围的营造，将整个项目思路串联，最终完成设计。其思路如下。

（1）明确活动主题与风格。本例的"春季化妆品节""全场低至399元"等活动文案明确了该页面是以留存为目的的活动主题。而本例将页面的活动内容与优惠信息放在页面中比较显眼的位置，并通过左文右图的构图、色彩与文字的搭配等突出了营销性的主题风格。

（2）合理搭配色彩。本例在色彩的搭配上主要采用的是对比色的搭配方式，先提取与主体物中颜色相反的白色作为主色，以让主体物的视觉形象更加鲜明；再提取主体物中颜色比重较大的绿色作为辅助色，使其与背景图片之间形成呼应，增强了画面的视觉冲击力。

（3）合理搭配点缀物。本例通过直线条、波浪线条、矩形来衬托画面，修饰主题，让整个页面看上去不会显得单调。

（4）营造促销氛围。本例通过整齐排列、主次有序的文字来进行商品信息的传递，在提升了页面视觉美观度的同时也让消费者对促销活动有了更直观的了解，另外还通过添加活动时间，让消费者产生了一种限制感，从而营造出了促销氛围。

⊕ **项目实施**

本例主要根据"化妆品节"活动广告页面的项目思路来进行视觉设计，其具体操作如下。

（1）在Photoshop CC中新建大小为1 920像素×700像素、分辨率为72像素/英寸、名为"化妆品节活动广告页面视觉设计"的文件。

（2）打开"化妆品背景1.jpg"图像文件（配套资源:\素材文件\第8章\化妆品节辅助素材\化妆品背景1.jpg），将其拖动到图像中，调整大小和位置。选择"矩形工具" ⬚，在化妆品背景图片上方绘制大小为1 454像素×640像素、颜色为"#ffffff"的矩形，并调整图层不透明度为"89%"，效果如图8-19所示。

图8-19　绘制矩形

（3）打开"化妆品素材.psd"图像文件（配套资源:\素材文件\第8章\化妆品节辅助素材\化妆品素材.psd），将其中的素材分别拖动到图像中，调整大小和位置，如图8-20所示。

（4）双击化妆品所在的图层，在打开的"图层样式"对话框中单击选中"投影"复选框，将"不透明度""角度""距离""扩展""大小"分别设置为"53%""135度""6像素""13%""9像素"，单击"确定"按钮 ⬭确定⬭ ，如图8-21所示。

图8-20　添加素材

图8-21　设置投影图层样式

（5）选择"横排文字工具" T ，在白色矩形左侧输入图8-22所示的文本，并设置字体为"Adobe 黑体 Std"，字体颜色为"#000000"，中文文本的字体大小为"84点"，英文文本的字体大小为"24点"，调整字体位置与字体间距。

（6）选择"矩形工具" ，在文字下方绘制大小为367像素×53像素、颜色为"#7c986c"的矩形，选择矩形图层，按【Ctrl+J】组合键复制矩形图层，修改复制的矩形大小为297像素×53像素，颜色为"#000000"，调整矩形的位置，效果如图8-23所示。

图8-22　输入文本　　　　　　　　　　　　图8-23　绘制矩形

（7）选择"横排文字工具" T，在工具属性栏中设置字体为"黑体"，字体颜色为"#ffffff"，字体大小为"29点"，在第1个矩形上方输入"早春系列 新品上市"文本，在第2个矩形上方输入"全场低至399元"文本，效果如图8-24所示。

（8）继续选择"横排文字工具" T，在"全场低至399元"文本下方输入图8-25所示的文本，并设置字体为"Adobe 黑体 Std"，字体颜色为"#2a392e"，字体大小为"25点"。

图8-24　在矩形中输入文本　　　　　　　　图8-25　在矩形下方输入文本

（9）选择"直线工具" ，在"春季化妆品节"文本的上方绘制两条大小分别为34像素×3像素和49像素×5像素的直线，并设置颜色为"#4f6154"，调整两条直线的位置，效果如图8-26所示。

（10）选择"横排文字工具" T，在工具属性栏中设置字体为"方正大黑简体"，字体颜色为"#4f6154"，字体大小为"22点"，在两条直线的中间输入"2020 SPRING"文本，并设置字体的位置，效果如图8-27所示。

图8-26　绘制装饰线条

图8-27　输入文本

（11）选择"自定形状工具" ，在工具属性栏中设置形状的填充颜色为"#4f6154"，取消描边，形状为"波浪"，在"3月8日10:00~3月20日9:00"文本下方绘制波浪形状，选择波浪形状图层，按住【Alt】键将其拖动复制到右上侧，完成后保存文件，查看完成后的效果（配套资源:\效果文件\第8章\化妆品节活动广告页面视觉设计.psd），如图8-28所示。

图8-28　最终效果

？ 思考与练习

1. 列举经典的活动广告页面，并按照设计原则和要求进行分析。

2. 根据提供的素材文件（配套资源:\素材文件\第8章\七夕节）制作七夕节活动广告页面，参考效果如图8-29所示（配套资源:\效果文件\第8章\七夕节活动广告页面.psd）。

3. 本练习将根据提供的素材文件（配套资源:\素材文件\第8章\周年庆）制作周年庆活动广告页面，参考效果如图8-30所示（配套资源:\效果文件\第8章\周年庆活动广告页面.psd）。

图8-29　七夕节活动广告页面参考示例

图8-30　周年庆活动广告页面参考示例

Chapter 9

第9章
短视频视觉设计

9.1 认识短视频
9.2 短视频的视觉设计流程
9.3 短视频的拍摄
9.4 短视频的后期处理

<table>
<tr><td colspan="4" align="center">学习引导</td></tr>
<tr><td></td><td>知识目标</td><td>能力目标</td><td>情感目标</td></tr>
<tr><td>学习目标</td><td>1. 了解短视频的主要类型
2. 了解短视频的视觉设计流程
3. 了解短视频的拍摄与后期处理的主流平台</td><td>1. 掌握短视频拍摄的要点
2. 掌握短视频拍摄的构图方法
3. 掌握短视频的后期处理方法</td><td>1. 培养细致的观察能力
2. 培养自制力
3. 培养良好的审美能力</td></tr>
<tr><td>实训项目</td><td colspan="3">1. 拍摄水果类短视频
2. 水果类短视频的后期处理</td></tr>
</table>

随着互联网时代的发展和生活节奏的加快，传统的视频展现方式已经难以满足消费者表达自我的需求，在这种环境的影响下，抖音、快手等短视频App应运而生，迅速渗透到了互联网的各行各业，并对消费者的日常生活产生了很大影响。本单元将通过对短视频的基础知识、视觉设计流程、拍摄及后期处理4个方面的讲解，介绍短视频的视觉设计。

慕课视频

9.1 认识短视频

认识短视频

短视频是以互联网为基础，继传统视频之后的一种新型视频形式，它能够在较短的时间内完整地表述出一件事情，快速吸引消费者的注意，将事物具象化地展现在消费者眼前，给消费者造成视觉冲击，在有效提高营销效果的同时也满足了消费者沟通和表达的需求。

9.1.1 短视频的特点

现在有越来越多的平台和商家选择借助短视频来进行营销，通过短视频内容的传播，来满足消费者碎片化的娱乐需求。与传统长视频相比，短视频具有以下4个特点。

1. 时长较短、传播速度快

短视频的最大特点就是时长较短、节奏快，可以很好地满足消费者碎片化的娱乐需求，而且互联网环境能够使短视频在发布的第一时间就被消费者观看，并在短时间内得到大量传播。而一旦短视频拥有热度，就会被更多消费者看到，甚至主动传播到各大社交平台，迅速地扩大传播范围。短视频时长较短、传播速度快的特点让其具备了极佳的营销效果。

2. 互动性强、粉丝黏性高

短视频的互动性主要体现在及时与消费者保持互动和沟通，关注消费者的体验上，并能够根据其需求提供更多的体验手段，包括评论、转发、分享和点赞等，让消费者可以通过多元化的互动手段表达自己的看法和意见，最终达到提高粉丝黏性，并与商品或品牌建立情感链接的目的。

3. 内容丰富、主题性强

相对于文字、图像等内容而言，短视频的内容更加丰富，其集图、文、影、音于一体，形式多样，带给了消费者更全面、立体的观看体验。并且短视频因为时间短这一特性，其内容都经过了高度的提炼，有很强的主题性。

4. 生产流程简单、成本低

传统视频生产周期很长，制作成本与推广成本都相对较高，而短视频则大大降低了生产传播的门槛，可以实现即拍即传，随时分享。从抖音、秒拍等目前主流的短视频软件中就可以看出，短视频的制作过程比较简单、快捷，只需要一部手机就可以进行拍摄、后期制作、上传与分享短视频等，并且这些短视频软件中会自带很多滤镜、美颜等特效，操作上也非常简单，从而使其能以较低的成本达到更有效的推广效果。

9.1.2 短视频的发展趋势

随着5G互联网时代的到来，5G网络技术的发展将会使信息的传输变得更加便利，短视频的应用场景将被极大地丰富，AR、VR、全景技术等短视频拍摄技术也会得到很大的突破和创新。在这种网络大环境下，短视频行业会得到进一步的发展，短视频将会以更加专业化、细致化的面貌呈现出来，专业化是指短视频的内容更加优质和专业，细致化是指对消费者的定位将更加精准，通过对不同的消费者进行细致分析，来让短视频更具营销优势。

9.1.3 短视频的主要类型

在对短视频进行拍摄与制作前，设计人员需要先了解短视频的主要类型，以明确短视频的视觉定位。本节主要根据短视频的内容将短视频划分为以下6种类型。

1. 街头采访

街头采访类短视频就是通过提出消费者较为关注的问题，采访街边路人的看法，以路人的反应和回答来吸引消费者注意的短视频。这类视频往往集合了多个路人的采访片段，而路人对采访的态度、反应、回答等都不尽相同，因为是真实的情境，所以拍摄时很容易发生有趣的事情，在经过剪辑、配上字幕后，能够达到更好的视频效果，因此受到许多消费者的喜爱。图9-1所示为街头采访短视频截图。

2. 搞笑吐槽

搞笑吐槽类短视频一般是针对日常生活中一些具有争议性的话题及社会现象进行吐槽。这类短视频需要短视频制作者有较强的语言组织能力，能够用幽默的语言及表达形式，对某些社会现象进行犀利的吐槽，从而吸引消费者的注意，积累粉丝，打造个人品牌。在搞笑吐槽类短视频中，较为成功的网络红人就有"papi酱"和"陈翔六点半"，其中"papi酱"以一人分饰几角的形式对社会现象进行吐槽，而"陈翔六点半"则是通过不同情节组合的情景喜剧进行吐槽。图9-2所示为搞笑吐槽类短视频截图。

3. 生活记录

生活记录类短视频是指将生活中的琐碎事件，用手机、相机等记录下来，再经过剪辑、配乐、添加字幕后发布，通过生活中消费者可能感兴趣的内容来吸引消费者的一类短视频，其内容可以是分享一些小技巧，用于解决生活中可能遇到的问题、尴尬情况等，以实用的角度吸引消费者注意，如图9-3所示。

图9-1　街头采访类短视频　　　　图9-2　搞笑吐槽类短视频　　　　图9-3　生活记录类短视频

4. 影视解说

影视解说类短视频一般是对电影、电视剧、动漫，甚至游戏直播等内容进行解说。电影解说要求解说人员先找好需要解说的电影素材，理清解说思路，剪辑视频，再配上字幕和解说，将电影故事徐徐展现给消费者。电视剧解说和动漫解说都与电影解说相似，只是解说的内容不同，其方式都一样；而游戏直播解说则有所区别，由于游戏直播属于现场直播，解说人员不会对视频内容进行修改。解说人员可以结合不同的风格，对不同类型的影视剧、动漫等内容进行解说，形成自己的风格。例如，抖音"小侠说电影"就是通过缓慢的语速和具有特色的嗓音，对电影进行解说，给消费者带来一种身临其境的感受，从而吸引消费者关注抖音某账号，如图9-4所示。

5. 技能展示

技能展示类短视频通常是以生活小技巧、个人才艺及工作技巧等内容为主，如PPT的快速制作方法、古筝的弹奏等。由于这类短视频大多介绍实用技能，其风格都比较轻快、简约，节奏较快，所以比较容易吸引消费者收藏与关注，如图9-5所示。

6. 美妆时尚

美妆时尚类短视频所定位的目标人群多为年轻女性，从内容上来说，这些短视频的内容都比较丰富，可以满足大部分消费者的需要，粉丝黏性也较高，比较适合推广美妆类商品，也拥有较高的变现率，如图9-6所示。

图9-4　影视解说类短视频　　　　图9-5　技能展示类短视频　　　　图9-6　美妆时尚类短视频

9.2　短视频的视觉设计流程

随着互联网时代的不断发展，短视频的影响在不断扩大，各种类型的短视频层出不穷。为了在众多短视频中脱颖而出，制作出优秀的短视频作品，设计人员需要根据短视频的视觉设计流程进行设计与制作。

慕课视频

短视频的视觉设计流程

9.2.1　前期准备

在制作短视频前，设计人员应先根据所要拍摄短视频的类型做好前期准备。前期准备主要包括准备拍摄器材和短视频脚本，下面进行详细介绍。

1. 准备拍摄器材

大多数短视频平台对视频质量的要求并不高，因此设计人员可根据短视频的主要类型和内容，选择专业的拍摄工具或直接使用手机等移动设备进行拍摄，下面对可能涉及的拍摄器材进行简单介绍。

● 专业拍摄工具。随着短视频的逐渐专业化、精细化，其拍摄工具、设备也会逐渐更新，专业的拍摄工具包括单反相机、摄像机等，很多短视频平台上的优质短视频都是使用专业拍摄工具拍摄出来的。

● 手机。手机比摄像机轻便，拍摄视频时的操作也较简便，将手机调整至录像状态，布置好场景后，点击屏幕中的拍摄按钮，即可进行视频的拍摄。此外，设计人员还可安装"抖音""快手"等短视频拍摄工具软件进行视频的拍摄。

● 稳定器材。为了保证短视频拍摄的稳定性，达到更好的拍摄效果，设计人员在拍摄时还需要一定的辅助设备，如单反三脚架、手机拍摄三脚架、云台、蓝牙控制器等。

● 其他辅助工具。其他辅助工具主要包括录音设备、灯光照明设备、幕布、反光板等。

2. 准备短视频脚本

短视频脚本相当于短视频的内容主线，不管是哪一种短视频类型，都需要提前设计一个完整的脚本，展现出短视频的整体方向，有情节、有逻辑、有观看价值的视频才能够给消费者留下更深刻的印象。设计人员可通过对人物、对白、动作、情节、背景、音乐等元素的设计，准确地向消费者传达视频的视觉效果和情感效果，引起消费者的好感和共鸣。虽然短视频的复杂性和技术性低于专业视频，但设计人员仍旧需要在拍摄前，确定好拍摄思路，设计出完整、清晰的脚本，将短视频的主题表达清楚。

9.2.2 拍摄短视频

一切准备就绪后，便可进行短视频的拍摄。设计人员在拍摄时应注意根据拍摄工具、视频性质和内容，选择不同的拍摄技巧，使短视频看起来更有技术含量，更像"大片"。在加滤镜、抠图等技术泛滥的互联网时代，这种"大片"级别的视频作品，往往更容易受到消费者的欢迎，也更容易被消费者关注。

9.2.3 后期制作

短视频拍摄完成后，并不是马上就可以将其上传到平台，而是需要经过一定的后期处理，如根据需要添加字幕、音频、转场和特效等操作，将视频进行优化，以提高短视频的视觉吸引力。

9.3 短视频的拍摄

慕课视频

短视频的拍摄

要拍摄出一个优质的短视频作品，需要设计人员了解和掌握更多关于短视频拍摄的知识，做好基本准备工作，如短视频拍摄的主流平台、短视频拍摄的要点、短视频拍摄的构图等，下面将进行详细介绍。

9.3.1 短视频拍摄的主流平台

随着短视频的不断增多，其拍摄平台也不断增多，下面主要介绍短视频拍摄的主流平台。

● 美拍短视频。美拍短视频主打直播与短视频拍摄，类型众多，吸引了不同年龄阶段粉丝的关注与参与。

● 抖音短视频。抖音短视频的一大特色就是以音乐为主题进行展现，其个性化的音乐比较受年轻消费群体的喜爱，消费者可以选择个性化的音乐，再配以短视频来形成自己的作品。此外，抖音短视频中还有很多自带的技术特效，玩法多样。

● 快手短视频。快手短视频不仅可以用照片和短视频记录生活的点滴，也可以通过直播与粉丝实时互动，是当下比较热门的短视频应用，受到了很多年轻人的追捧。

9.3.2 短视频拍摄的要点

设计人员在短视频的拍摄过程中需要注意短视频的运镜手法及景别的运用，下面进行详细介绍。

1. 短视频的运镜手法

设计人员在拍摄短视频的过程中合理运用运镜手法，可以为短视频加入一些氛围和情感，使短视频平滑流畅、充满活力。常见的运镜手法主要有以下几种。

- 固定运镜。固定运镜是指在拍摄某个镜头的过程中，摄像机的机位、焦距和镜头光轴固定不变，被摄物体可以是静态的，也可以是动态的。
- 推拉运镜。推拉运镜是指匀速地靠近或远离被摄物体进行拍摄，其包括推近与拉远两种运镜方式。其中，推近运镜可以突出主体，集中消费者的注意力；拉远运镜则可以将被摄物体的所处环境展示出来。需注意，这种运镜方法要求画面保持稳定，运动速度保持一致。
- 环绕运镜。环绕运镜是指保持镜头水平高度不变，以被摄物体为中心，进行环绕拍摄。这种运镜方法能够提高画面的张力，突显视频主体。在拍摄时，设计人员应注意保持画面的稳定性，并将被摄物体置于画面中心，保持镜头与被摄物体的距离。
- 低角度运镜。低角度运镜是指将镜头置于较低的位置，甚至是贴近地面进行拍摄，以加强视频的空间感，可用于拍摄宠物奔跑等。在使用低角度运镜时，设计人员需降低身体的重心。
- 切换运镜。切换运镜也是常见的运镜手法，常表现为画面突然朝某个方向移动，切换为另一个场景。切换镜头时，设计人员需要注意手臂的力度。
- 跟随运镜。跟随运镜是指拍摄人员在被摄物体前方、后方或侧面，进行移动拍摄，这种运镜方法可以使消费者以第一人称的视角观看短视频，更容易引起消费者的共鸣。
- 移动运镜。移动运镜是指拍摄时机位发生变化，边运动边拍摄的拍摄方法，其移动方式主要是左右移动和上下移动。视频画面的移动可直接调动观众的视觉感受，让消费者产生身临其境的感觉。

2. 短视频的景别

景别是指由摄影机与被摄物体的距离不同，造成被摄物体在画面中所呈现出的范围大小的区别。景别一般可由远至近分为远景、全景、中景、近景、特写5种。设计人员在拍摄短视频时利用复杂多变的场面调度和镜头调度，交替地使用各种不同的景别，可以使短视频剧情的叙述、人物思想感情的表达、人物关系的处理更具有表现力，从而增强短视频的艺术感染力。下面对景别进行详细介绍。

- 远景。远景是指远距离拍摄景物或者人物的一种画面。其视野广阔、深远，表现空间很大，由于被摄主体（景物或者人物）在画面中所占位置较小，所以主要用来烘托环境氛围。图9-7所示为远景视频的截图。
- 全景。全景是指提取人物全身动作或者表现场景的画面，与远景相似，但其主题的表现比远景更加明确，画面也比远景更加清晰，能够在画面中看清人物整体动作及所处的环境，常被用于表现故事性情节的短视频中。图9-8所示为全景视频的截图。

图9-7　远景视频截图　　　　　　　　　　图9-8　全景视频截图

- 中景。中景是指提取人物膝盖以上部分或场景局部的画面。与全景相比，中景更加重视人物的具体动作和故事情节。中景可以让消费者清楚地看到人物的动作和面部表情，能够反映出人与人、人与物之间的关系。
- 近景。近景是指提取人物胸部以上部分或物体局部的画面。与中景相比，近景的空间范围进一步缩小，画面内容更加单一，常被用于表现人物的面部状态和细微动作，传达人物的内心世界，是刻画人物性格最有力的景别。图9-9所示为近景视频的截图。
- 特写。特写是指提取人物肩部以上的头像或某些物体细部的画面。其主要强调和放大某一细节部分，能有效地交代事物的细节特点。另外，特写镜头运用在故事情节的拍摄上，能通过对人物细节的拍摄，揭露人物的心理。图9-10所示为特写视频的截图。

图9-9　近景视频截图　　　　　　　　　　图9-10　特写视频截图

9.3.3　短视频拍摄的构图

设计人员在拍摄短视频时需要进行适当的构图，以制作出"大片"级别的短视频作品，让视频更有吸引力和视觉冲击力，而这种"大片"级别的视频作品，往往更容易受到消费者的欢迎，也更容易被消费者关注。常见的短视频构图方法主要有以下几种。

- 中心构图。中心构图是指将被拍摄的物体或人物放到画面的中心位置，这种构图方法可以有效地突出画面主体，并且画面左右的视觉效果也会更加平衡，一般比较适用于只有一个拍摄主体的视频。图9-11所示为采用中心构图所拍摄的视频截图。
- 三分构图。三分构图也叫九宫格构图，主要是指将整个视频画面分成3份。三分构图可以使画面更加紧凑，不会太过于呆板和空白，同时画面的平衡感也更强。图9-12所示为采用三分构图所拍摄的视频截图。

图9-11　中心构图

图9-12　三分构图

- 俯视构图。俯视构图是指从上往下拍，视角在被拍摄物体的上方。这种构图方法可以使远处的物体和近处的物体在同一个平面上得到充分展示，层次分明。
- 仰视构图。仰视构图是指从下往上拍，视角在拍摄物体的下方。其在构图上能有效地突出画面中的被摄物体，净化环境和背景。
- 透视构图。透视构图是指视频画面中的某一条或几条线延长会有一个视觉焦点，让消费者的视线随着延长线产生一种由远及近的视觉延伸感。这种构图方法可以增加画面物体的立体感，并且还有引导消费者视线的作用。图9-13所示为采用透视构图所拍摄的视频截图。
- 前景构图。前景构图是指在拍摄视频时，在镜头与被摄物体之间使用一些事物进行遮挡，让消费者有一种窥视的神秘感。这种构图方法可以使画面效果更加丰富、更有层次，同时也能更好地展现被摄物体。图9-14所示为采用前景构图所拍摄的视频截图。

图9-13　透视构图

图9-14　前景构图

9.4　短视频的后期处理

慕课视频

短视频的后期处理

　　一个优质的短视频作品除了需要拍摄技巧外，还需要更多的后期加工与处理。下面先介绍短视频后期处理的主流平台，再介绍如何进行短视频的后期处理。

9.4.1 短视频后期处理的主流平台

随着短视频的发展，很多短视频App都提供了一些常用的视频剪辑加工功能，也有很多有特色的后期处理App，本小节将简单介绍5种短视频设计中常用的剪辑工具。

- 爱剪辑。爱剪辑是一款免费的剪辑软件，其功能较为全面，包含特效、字幕、素材和转场动画，且操作简单，适合新手使用。此外，爱剪辑软件也可在电脑端使用，并且电脑硬件要求比较低，即使是低配置电脑，使用爱剪辑时，也很少出现卡顿现象。
- 小影。小影是一款集手机视频拍摄与编辑于一体的软件，该软件拍摄视频的风格非常多样，且没有时间的限制，并且还能够即拍即停，主要用于短视频的拍摄与后期处理，操作简单方便。
- 会声会影。会声会影是一款功能强大的视频编辑软件，不仅能够满足家庭或个人的视频剪辑需求，还能满足专业级的视频剪辑需求，适合大部分设计人员使用。其大部分模块功能都自带片头、字幕、过渡效果等，但会声会影对电脑的性能要求较高。
- Premiere。Premiere也是一款常用的视频编辑软件，其编辑画面质量较高，兼容性较好，是视频编辑爱好者和专业人士必不可少的视频编辑工具。Premiere能够满足设计人员创建高质量视频的要求，对电脑配置要求较高。

9.4.2 为短视频添加字幕

设计人员为短视频添加字幕可以更清楚地表达出短视频的具体信息，同时也能快速吸引消费者的注意。下面以小影App为例，详细介绍为短视频添加字幕的步骤。

（1）打开小影App，进入软件的主界面，如图9-15所示。

（2）在页面中单击"加字幕"按钮口，跳转到选择视频素材页面，在打开的页面中选择一个合适的视频素材，单击下方的 下一步 按钮，如图9-16所示。

（3）进入添加字幕页面，将视频播放到00:02.0时单击暂停图标▶，如图9-17所示，在页面中单击"字幕"按钮口。

图9-15　主界面

图9-16　选择素材

图9-17　添加字幕页面

（4）进入视频编辑页面，在该页面中选择"热门样式"选项，在其中选择"旅行"选项，并选择其中的第5个样式，如图9-18所示。

（5）单击输入字幕的文本框，在其中输入文本"打卡—玉龙雪山"，单击下方的 按钮，如图9-19所示。

（6）完成后单击页面上方的 按钮，即可完成对视频字幕的添加，如图9-20所示。

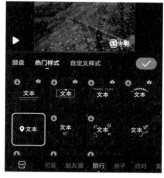  

图9-18 选择字幕样式　　　　　图9-19　输入文本　　　　　图9-20　完成字幕的添加

9.4.3 为短视频添加特效

设计人员为短视频添加特效可以营造出某种氛围，让短视频传递出某种情感。下面以"小影"App为例，详细介绍为短视频添加特效的步骤。

（1）继续在图9-17所示的视频编辑页面中的"文字&特效"页面中单击"特效"按钮 ，在其中选择"梦幻"选项中的第3个特效，单击下方的 按钮，如图9-21所示。

（2）将特效的时间轴拖动到整个视频轴中，如图9-22所示。

（3）完成后跳转到视频编辑页面，单击界面上方的 按钮，即可完成对视频特效的添加，如图9-23所示。

 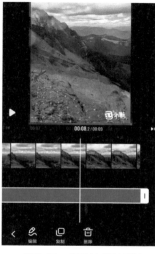 

图9-21　选择特效样式　　　　图9-22　拖动特效时间轴　　　　图9-23　完成特效的添加

9.4.4 为短视频添加贴纸

设计人员为短视频添加贴纸是为了增加短视频的趣味性与活力，同时也是吸引消费者注意力的一种很好的方法。下面以"小影"App为例，详细介绍为短视频添加贴纸的步骤。

（1）继续在图9-17所示的视频编辑页面中的"文字&特效"页面中单击"贴纸"按钮◎，打开贴纸页面，如图9-24所示。

（2）在添加贴纸的页面中选择"文字贴纸"选项，选择第2个贴纸，如图9-25所示。

（3）单击下方的✓按钮，完成后跳转到视频编辑页面，将文字贴纸的时间轴拖动到字幕时间轴之前，单击界面上方的保存按钮，即可完成对视频贴纸的添加，如图9-26所示。

图9-24　贴纸页面　　　　图9-25　选择贴纸样式　　　　图9-26　完成贴纸的添加

9.4.5 为短视频添加音乐

音乐是短视频中不可或缺的部分，一个好的音乐可以增加短视频的感染力，丰富消费者的视听效果。下面以"小影"App为例，详细介绍为短视频添加音乐的步骤。

（1）继续在图9-26所示的视频编辑页面中选择"音乐"选项，并关闭视频的原声，如图9-27所示。

（2）单击下方的＋添加音乐按钮，在打开的页面中选择一个合适的音乐，单击使用按钮，如图9-28所示。

（3）完成后跳转到视频编辑页面，单击界面上方的保存按钮，即可完成对视频音乐的添加，如图9-29所示。

| 图9-27　关闭视频原声 | 图9-28　选择音乐 | 图9-29　完成音乐的添加 |

9.4.6　为短视频添加滤镜

滤镜可以为消费者带来不同的观感体验，让视频中的主体物更具视觉吸引力，增强画面的渲染力。下面以"小影"App为例，详细介绍为短视频添加滤镜的步骤。

（1）继续在图9-27所示的视频编辑页面中选择"滤镜"选项，选择"特效滤镜"选项，如图9-30所示。

（2）继续选择"分屏"选项，再选择分屏中的"两宫格II"选项，单击下方的☑️按钮，如图9-31所示。

（3）完成后跳转到视频编辑页面，单击界面上方的 保存 按钮，即可完成对视频滤镜的添加，如图9-32所示。

| 图9-30　特效滤镜界面 | 图9-31　选择滤镜样式 | 图9-32　完成滤镜的添加 |

9.4.7　为短视频添加转场

转场是指视频中场景与场景之间的过渡与切换，设计人员为视频添加转场效果可以让视频效果更加丰富，给消费者一种意想不到的惊喜，吸引消费者的注意力。下面以"小影"App为例，详细介绍为短视频添加转场的步骤。

（1）继续在图9-30所示的视频编辑页面中选择"镜头剪辑"选项，将视频播放到00:02.0时单击暂停图标▶，在页面中单击"分割"按钮✂，如图9-33所示。

（2）选择第1段视频，在下方页面中选择"转场"选项，选择"经典"转场样式中的"留白"选项，单击下方的☑按钮，如图9-34所示。

（3）完成后跳转到视频编辑页面，单击界面上方的保存按钮，即可完成对视频转场的添加，如图9-35所示。

图9-33　分割视频

图9-34　选择转场样式

图9-35　完成转场的添加

高手点拨

　　另外，"小影"App还具有主题模板功能，在视频编辑页面中单击"主题"按钮，并在其中选择合适的主题模板，即可快速制作出符合自己需要的短视频作品。

项目一▶拍摄水果类短视频

⊗ 项目要求

　　根据制定的拍摄脚本安排在果园内进行拍摄实践，拍摄时注意运镜手法和景别的运用，尤其是中景和特写画面中的效果，要将水果的新鲜、天然等特点展示给消费者，激发消费者的购买欲望。

⊗ 项目目的

　　本例要求运用本单元所学知识，在果园内拍摄一个水果类短视频，在学习运镜手法与景别的理论基础上，通过该例掌握短视频的拍摄方法。

⊛ **项目分析**

水果类短视频需要着重体现出水果的健康、新鲜，因此，本例将选择果园作为拍摄地点，不仅可以让消费者更加清楚地了解到水果的来源和新鲜程度，增加消费者的信任感，还能够给消费者一种真实感和身临其境的感觉。

⊛ **项目思路**

本例是为柑橘拍摄一个短视频，主要从以下3个方面进行思考分析，其思路如下。

（1）准备拍摄器材。本次拍摄视频所使用的设备为智能手机，另外还需准备手机稳定器，以保证画面质量。

（2）准备拍摄脚本。由于本例拍摄的水果类短视频后期会被加工处理，所以拍摄脚本不需要太过于复杂。表9-1所示为本次拍摄短视频的脚本。

表9-1 柑橘短视频脚本

镜号	景别	运镜手法	画面内容
1	近景	低角度、俯视	果农将柑橘放进竹篮中
2	特写	固定	正在滴水的柑橘特写
3	近景	固定	挂满柑橘的树枝
4	近景	左右移动	4、5个挂在树上的柑橘
5	中景、全景	上下移动	柑橘树顶部和小路两边的柑橘树

⊛ **项目实施**

本例将拍摄一个柑橘的短视频，首先拍摄柑橘被果农放入竹篮的画面，然后近距离拍摄柑橘的细节部分，最后从中景切换到全景进行拍摄，其具体操作如下。

（1）设计人员手持稳定器，降低重心，采用俯视的构图方式，近距离地拍摄果农将采摘的柑橘放入竹篮的画面，如图9-36所示。

（2）切换镜头，选择树枝上一个成熟的柑橘，并在其上方喷水，将柑橘置于画面中心位置，在手机屏幕上放大柑橘的细节部分，展现柑橘的新鲜感，如图9-37所示。

图9-36 拍摄柑橘在竹篮中的画面　　　图9-37 拍摄滴水的柑橘

（3）设计人员站在一棵结满果实的柑橘树前方，手持稳定器，采用固定运镜的手法拍摄树枝垂下的柑橘，体现出柑橘的丰收，如图9-38所示。

（4）设计人员拿着手机近距离对焦挂满柑橘的树枝，稳定地向左移动画面，直到将柑橘置于画面中心位置，保持稳定，让画面更具空间感，如图9-39所示。

图9-38 拍摄挂满柑橘的树枝　　　　　图9-39 拍摄几个挂在树枝上的柑橘

（5）设计人员站在一条四周是柑橘树的小路下，拿着手机向上拍摄柑橘，采用仰视的构图方式，展现柑橘数量繁多，然后再向下慢慢移动手机镜头，采用透视构图的方式，展现小路尽头，如图9-40所示，完成后在手机上保存文件，完成操作（配套资源:\效果文件\第9章\水果类短视频.mp4）。

图9-40 拍摄柑橘树的生长环境

项目二 ▶ 水果类短视频的后期处理

⊙ 项目要求

本例要求使用"小影"App进行短视频的后期处理，要求在处理短视频时，结合短视频的内容，运用添加字幕、特效、贴纸、音乐及设置滤镜、转场等功能，充分展示出水果的特点。

⊙ 项目目的

本例将运用本单元所学知识对项目一拍摄的水果短视频进行后期的处理，通过该例掌握短视频的后期处理方法。

⊙ 项目分析

本例中的水果类短视频后期处理从体现水果纯天然特点的角度出发，运用简洁的字幕来突出水果卖点，再加上各种特效和转场技巧，以吸引消费者的视线，最后配以符合该短视频氛围的音乐，使画面效果更加生动。

⊙ **项目思路**

本例主要根据短视频的内容安排来进行思路分析，其思路如下。

（1）对视频进行剪辑。短视频的时间都比较短，因此设计人员需要先对视频进行剪辑处理，将短视频中多余的视频片段剪掉。

（2）对视频进行美化处理。根据视频内容对视频进行美化处理，视频的美化处理包括字幕、特效、贴纸、音乐、滤镜、转场等操作。

⊙ **项目实施**

本例将对一个水果类短视频进行后期处理，其具体操作如下。

（1）打开"小影"App，进入软件的主界面，单击"视频剪辑"按钮🗟，跳转到选择视频素材页面，在其中选择视频"水果类视频.mp4"素材（配套资源:\效果文件\第9章\水果类视频.mp4），单击下方的 下一步 按钮，如图9-41所示。

（2）进入视频编辑页面，将视频播放到00:02.1时单击"分割"按钮🗟，继续将视频播放到00:04.2时单击"分割"按钮，如图9-42所示。

（3）选择第2段视频，单击"删除"按钮🗑，将视频播放到00:05.0时单击"分割"按钮，继续将视频播放到00:08.8时单击"分割"按钮，如图9-43所示。

图9-41　选择素材视频

图9-42　分割视频

图9-43　再次分割视频

（4）选择第3段视频，单击"删除"按钮🗑，将视频播放到00:07.1时单击"分割"按钮🗟，继续将视频播放到00:16.9时单击"分割"按钮🗟。选择删除后的第4段视频，单击"删除"按钮🗑，将视频播放到00:11.1时单击"分割"按钮🗟，继续将视频播放到00:14.8时单击"分割"按钮🗟。选择删除后的第4段视频，单击"删除"按钮🗑。将视频播放到00:17.4时单击"分割"按钮🗟，选择第5段视频，单击"删除"按钮🗑。

（5）选择第5段视频，单击"变速"按钮🔘，在打开的页面中拖动变速的时间轴到"1.5×"，选择"全部镜头"选项，单击下方的✅按钮，如图9-44所示。

（6）返回视频编辑页面，将视频播放到00:00.0时在"文字&特效"页面中单击"字幕"按钮回，选择"热门样式"下"朋友圈"选项中的第5种字幕样式，并在其中输入文本"新鲜采摘"，调整字幕的位置与大小，单击下方的✓按钮，如图9-45所示。

（7）返回视频编辑页面，将字幕的时间轴拖动到00:03.3处，使用同样的方法为第2段视频添加字幕，其文本为"个大饱满"，如图9-46所示。

图9-44　调整视频速度　　　　图9-45　选择字幕样式　　　　图9-46　输入字幕文本

（8）在视频编辑页面将视频播放到00:00.0处，在下方单击"特效"按钮✧，选择"动感"选项中的第5个特效，单击下方的✓按钮，如图9-47所示。

（9）返回视频编辑页面，将特效的时间轴拖动到00:07.2处，单击"贴纸"按钮☺，在添加贴纸的页面中选择"日常"选项，选择第5个贴纸，单击下方的✓按钮，如图9-48所示。

（10）返回视频编辑页面，将贴纸的时间轴拖动到00:14.7处，选择第1段视频，选择"音乐"选项，单击下方的 添加音乐 按钮，如图9-49所示。

图9-47　选择特效样式　　　　图9-48　选择贴纸样式　　　　图9-49　添加音乐

（11）在打开的页面中选择一个合适的音乐，单击 使用 按钮，如图9-50所示。

（12）完成后跳转到视频编辑页面，在视频编辑页面中选择"滤镜"选项，在其中选择"调色滤镜"选项，选择"富士1"滤镜样式，选择"全部镜头"选项，单击下方的 按钮，如图9-51所示。

（13）选择"镜头剪辑"选项，选择第1段视频，在下方页面中选择"转场"选项，选择"抖动"转场样式中的"中心抖动"选项，选择"全部镜头"选项，单击下方的 按钮，如图9-52所示。

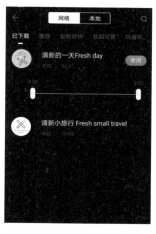

图9-50　选择合适的音乐　　　图9-51　选择滤镜样式　　　图9-52　设置转场效果

（14）回到视频编辑页面，在该页面上方单击 保存 按钮，如图9-53所示。

（15）在"选择一个导出尺寸"对话框中选择"普通480P"选项，如图9-54所示。

（16）等待视频导出结束，完成操作（配套资源:\效果文件\第9章\后期处理水果类短视频.mp4），如图9-55所示。

图9-53　单击"保存"按钮　　　图9-54　选择导出视频尺寸　　　图9-55　完成操作

思考与练习

1. 短视频的拍摄技巧主要有哪些？

2. 短视频的后期处理方式有哪些？简述各自的特点。

3. 本练习将拍摄一个茶叶短视频，参考效果如图9-56所示（配套资源:\效果文件\第9章\茶叶.mp4）。

图9-56　茶叶短视频拍摄参考示例

4. 本练习将为茶叶短视频制作后期效果，参考效果如图9-57所示（配套资源:\效果文件\第9章\茶叶后期处理.mp4）。

图9-57　茶叶短视频后期处理参考示例

Chapter 10

第10章
综合案例——家居类
品牌视觉设计

10.1 案例分析

10.2 设计移动端网店首页页面

10.3 设计商品详情页

10.4 设计网站首页页面

10.5 设计品牌活动宣传页面

10.6 拍摄与处理家居短视频

	学习引导		
	知识目标	能力目标	情感目标
学习目标	1. 了解综合案例所包含的内容 2. 了解不同案例的设计思路	1. 能够利用互联网视觉设计的基础知识制作综合案例 2. 掌握综合案例的分析方法	1. 培养自主思考与学习能力 2. 培养设计思维与分析能力 3. 培养设计案例的实际操作能力

本章主要运用前面所学的知识来设计一个家居品牌的综合案例，前期主要是对案例进行分析，了解品牌和消费者的需求，并收集需要的部分素材，然后再根据案例的分析来确定品牌的风格，最后设计出品牌宣传和发展所需要的各种线上物料，如移动端网店首页页面、商品详情页、网站首页页面、品牌活动宣传页面及短视频等。下面进行详细介绍。

慕课视频

案例分析

10.1 案例分析

作为一名设计人员，在正式设计之前还需要做好前期的案例分析工作，这样才能把握好品牌和商品的定位，设计出符合需求的作品。下面将从分析需求、确定风格与方向这两个方面来进行案例的分析。

10.1.1 分析需求

分析需求包括分析消费者需求和品牌方需求，本例从这两个方面进行分析，既有利于使设计出的作品满足品牌方的要求，又有利于提升消费者体验，加强消费者对品牌的好感度，最终达到宣传品牌、营销商品的目的，下面进行详细介绍。

1. 消费者需求

本例中的"轻纺家居旗舰店"是一家专注于优质商品与服务的绿色环保家居网店，是一个非常年轻、时尚的家居品牌。其目标消费人群一般是年轻消费者，这类消费者会追求生活品质，因此其设计需要能够进一步满足消费者的品质需求，即在设计过程中需主要展现商品的高品质、高服务。

2. 品牌方需求

随着互联网的不断发展，互联网销售渠道和电商平台不断推动品牌的生产与消费。对于品牌方来说，他们迫切需要一些不同的平台来进行营销，以拓宽销售渠道、提升品牌形象，因此，设计人员需要从多个方面进行品牌的视觉设计。

10.1.2 确定风格与方向

确定整体的设计风格与方向可以满足消费者与品牌方的需求，决定视觉设计的整体基调，下面将进行详细介绍。

1. 风格

根据该品牌的调性及对消费者的需求分析可以看出，该品牌的视觉设计风格是以简约、时尚为主，消费者的需求是追求年轻、时尚的品牌家居，这两者之间有着相同的特点，因此，页面的风格会着重体现"时尚"这一共同特点。页面风格的体现主要依靠字体和颜色两个途径。因此，该品牌在字体的选择上主要采用方正兰亭系列的字体，组合使用该系列的字体不仅能够保证页面的统一性，还能够区别不同的文字级别，同时让页面显得稳重、时尚。在色彩的选择上，该品牌主要选择了两个主色调，即蓝色和黄色，如图10-1所示。其中，蓝色偏暗，属于冷色调，给人带来时尚、舒适的感觉，会让商品看起来更有质感，也符合品牌对于高质量商品的定位；黄色偏亮，属于暖色调，给人带来有活力、明亮、有个性的感觉，非常符合品牌对于年轻消费人群的定位，在具体的设计过程中主要用这两种色彩进行搭配，产生了冷暖对比和明暗对比的效果，给人一种精神饱满、年轻时尚的感觉，体现出了北欧简约的风格，同时也让消费者对品牌的印象更加深刻。

图10-1　色彩的选择

2. 方向

根据品牌方的需求可以确定内容的设计方向，该品牌的设计方向主要有移动端网店首页、商品详情页、网站首页、微信公众号、H5活动页面、网页活动广告及短视频。

🧭 10.2 设计移动端网店首页页面

家居用品类商品多种多样，常用于日常家用，为了设计出符合移动端网店风格的首页页面，下面先通过前期策划进行网店风格定位，再进行家居类移动端网店首页设计，提高自身的实际操作能力，最后进行细节的调整以完成整个首页的设计。

慕课视频

设计移动端网店首页页面

10.2.1 前期策划

根据前面所分析的品牌风格，设计人员可以从素材收集、色彩搭配、字体选择、构图布局4个方面来策划移动端网店的首页页面，下面进行简单介绍。

1. 素材搜集

从简约、时尚的品牌风格及商品种类来看，素材的选择不宜过多，主要是要突出品牌的风格，增强品牌质感，让消费者对品牌产生好的印象，从而促使消费者下单。设计人员在收集素材时，要注意尽量选择风格一致的素材，以保证整个页面风格统一、干净整洁，如图10-2所示。

图10-2　素材展示

2. 色彩搭配

本例中，在色彩的选择上主要采用了品牌的主色调，这是设计人员常用的一种配色方法，也是品牌方比较认可的一种配色，不但传达出了品牌的调性，也与其他页面的视觉设计风格相统一。

3. 字体选择

综合网店的风格和前面所学的相关字体知识，本例设置主标题使用方正清刻本悦宋简体，副标题使用方正兰亭中黑_GBK、方正兰亭刊黑简体这两种字体，并通过明确的字号区别，让页面的主、副标题之间大小分明、主次分明，让页面呈现出更加流畅的效果。

4. 构图布局

本例采用了比较常见的平衡式构图法，页面中商品的展示主要是左文右图和左图右文，或者左右都用图文小卡片的形式，整体页面的平衡感较强，风格简约。

10.2.2 家居类移动端网店首页设计

慕课视频

家居类移动端
网店首页设计

本例将主要根据移动端网店的尺寸和网店的设计要点，设计出符合品牌风格的移动端网店首页页面，其具体操作如下。

（1）在Photoshop CC中新建大小为750像素×2 272像素、分辨率为72像素/英寸、名为"家居类移动端网店首页"的文件。

（2）打开"首图.jpg"图像文件（配套资源:\素材文件\第10章\首图.jpg），将其拖动到页面上方，调整大小和位置，如图10-3所示。

（3）选择"横排文字工具"　，在首图中心空白处输入图10-4所示的文本，并在工具属性栏中设置"每周新品"文字的字体为"方正清刻本悦宋简体"，字体颜色为"#0089ba"，双引号的字体颜色为"#444547"，其余文字的字体均为"方正兰亭中黑_GBK"，字体颜色为"#444547"，调整字体的大小与位置。

图10-3　添加素材

图10-4　输入文本

（4）选择"圆角矩形工具" ，将填充色设置为"#f8ca00"，在"全场八折起"文本图层下方绘制半径为20像素的圆角矩形。

（5）选择"矩形工具" ，在焦点图下方绘制大小为750像素×191像素、颜色为"#f7f7f7"的矩形，完成后继续在该矩形上方绘制4个矩形，其颜色分别为"#ffffff""#eeeeee""#e8e8e8""#dfdfdf"，效果如图10-5所示。

图10-5　绘制矩形

（6）在"图层"面板中双击第1个白色矩形图层，打开"图层样式"对话框，单击选中"投影"复选框，在右侧的面板中设置投影参数，单击 确定 按钮，如图10-6所示。

（7）打开"图标.png"图像文件（配套资源:\素材文件\第10章\图标.png），将其拖动到白色矩形上方，调整大小和位置。选择"横排文字工具" ，在工具属性栏中设置字体为"方正清刻本悦宋简体"，字体颜色为"#0089ba"，在白色矩形下方输入"领取优惠卷>"文本，单击工具属性栏中的 按钮，打开"字符"面板，在"字符"面板中为"领取优惠卷>"文本添加下划线，效果如图10-7所示。

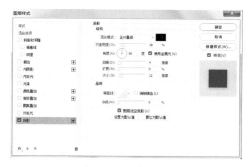

图10-6　添加投影

图10-7　添加素材并输入文本

（8）选择"横排文字工具" T ，在工具属性栏中设置字体为"方正清刻本悦宋简体"，字体颜色为"#0089ba"，在白色矩形后的另外3个矩形内分别输入"20元""40元""60元"文本，设置字体为"方正兰亭纤黑简体"，字体颜色为"#454648"，在优惠券金额文本下方分别输入"满288元可用""满488元可用""满688元可用"文本，选择"圆角矩形工具" ，将填充颜色设置为"#f8ca00"，在第2次输入的文本图层下方绘制半径为20像素的圆角矩形，效果如图10-8所示。

图10-8　输入文本并绘制圆角矩形

（9）选择"横排文字工具" T ，在优惠券下方左侧输入文本（配套资源:\素材文件\第10章\文本素材1.txt），在工具属性栏中设置英文字体为"方正兰亭刊黑简体"，中文字体为"方正兰亭中黑_GBK"，调整文本大小。选择"矩形工具" ，在"点击了解＞"文本图层下方绘制填充颜色为"#f8ca00"的矩形，为前3排文本添加下划线，如图10-9所示。

（10）选择"矩形工具" ，在文字右侧绘制408像素×370像素的矩形，如图10-10所示。

图10-9　输入文本　　　　　　　　　　　图10-10　绘制矩形

（11）打开"沙发2.jpg"图片（配套资源:\素材文件\第10章\沙发2.jpg），将其移动到矩形上方，在图层上单击鼠标右键，在弹出的快捷菜单中选择"创建剪贴蒙版"命令，将其置入下方的矩形中，调整素材的位置和大小，如图10-11所示。

（12）选择"横排文字工具" T ，在"沙发"2素材的下方输入素材文本（配套资源:\素材文件\第10章\文本素材2.txt），复制第10步中的矩形，放到文本左侧，添加"沙发1.jpg"图片（配套资源:\素材文件\第10章\沙发1.jpg），通过剪贴蒙版将其裁剪到下方的矩形中，如图10-12所示。

图10-11　添加素材　　　　　　　　　　　　图10-12　复制文字并修改

（13）选择"矩形工具" ▢. ，设置填充颜色为"#f4f4f4"，在页面下方绘制矩形，作为背景，选择"横排文字工具" T. ，在灰色背景上方输入"THE NEW SOFA""#沙发新品推荐#"文本，其中英文字体为"方正清刻本悦宋简体"，字体颜色为"#0089ba"，中文字体为"方正兰亭中黑_GBK"，字体颜色为"#454648"。

（14）继续在文本下方绘制4个矩形，其中的2个白色矩形作为商品的放置版块，其颜色为"#454648"，用于裁剪图片，如图10-13所示。

（15）打开"沙发3.jpg""沙发4.jpg"图片（配套资源:\素材文件\第10章\沙发3.jpg、沙发4.jpg），通过剪贴蒙版将其分别裁剪到下方的矩形中，如图10-14所示。

图10-13　绘制矩形　　　　　　　　　　　　图10-14　添加素材

（16）选择"横排文字工具" T. ，在沙发图片下方输入文本（配套资源:\素材文件\第10章\文本素材3.txt），字体为"方正兰亭刊黑简体"，调整文本大小。选择"矩形工具" ▢. ，在"点击查看＞"文本下方绘制填充颜色为"#f8ca00"的矩形，为第1排文本添加下划线，效果如图10-15所示。

（17）选择步骤16中的所有图层，按【Ctrl+G】组合键创建图层组，复制图层组到右侧的图片下方，修改右侧图层组中的文本（配套资源:\素材文件\第10章\文本素材4.txt），如图10-16所示。完成后保存图像，查看完成后的效果（配套资源:\效果文件\第10章\家居类移动端网店首页.psd）。

图10-15　输入文本

图10-16　复制文本并修改

慕课视频

设计商品详情页

10.3 设计商品详情页

商品详情页是提高转化率的核心，它可以激发消费者的购买欲望，促使交易的完成。本例将根据品牌方的需求制作一个商品详情页，要求移动端与网店首页页面的风格相符合，同时突出商品的卖点与优势，提升品牌形象。下面将从3个方面来进行设计。

10.3.1 前期策划

与移动端网店首页页面一样，商品详情页也需要按照品牌的风格来进行策划与设计，下面将从素材收集、色彩搭配、字体选择、构图布局4个方面来策划商品详情页。

1. 素材收集

由于商品详情页主要是介绍一款沙发的基本信息，所以在素材的收集上主要是收集该商品的素材图片，然后再加上一些介绍商品特点的小图标。设计人员收集商品详情页素材时，要注意尽量将该商品的场景图、细节图等全方位的图片都收集起来，以向消费者全面地展示出商品面貌，如图10-17所示。

图10-17　素材展示

2. 色彩搭配

本例的色彩搭配是在移动端网店首页色彩搭配的基础上稍做改变，将其中的蓝色调变得更加深沉，主要是为了在与商品自身的色彩相契合的情况下，也能够体现出品牌与网店首页的色调。

3. 字体选择

综合网店的风格和前面所学的相关字体知识，本例主要以方正兰亭中黑_GBK、方正兰亭准黑简体、方正兰亭纤黑简体这3种字体为主要字体，再在具体使用过程中根据文字的信息层级来选择字体和字体大小。

4. 构图布局

本例先对沙发的柔软性、舒适性、优良材质等卖点进行提炼，再根据商品详情页的制作规范来进行构图与布局。本例商品详情页主要是为了让消费者充分了解商品信息，因此其布局比较简单。

10.3.2 沙发商品详情页设计

本例主要是为家居类网店制作沙发的商品详情页，要求体现出商品卖点、商品材质、商品参数、商品细节等信息，其具体操作如下。

慕课视频

沙发商品详情页设计

（1）在Photoshop CC中新建大小为750像素×3 994像素、分辨率为72像素/英寸、名为"沙发商品详情页"的文件。

（2）打开"焦点图.jpg"图像文件（配套资源:\素材文件\第10章\焦点图.jpg），将其拖动到页面上方，调整大小和位置。选择"椭圆工具" ，将填充色设置为"#ffffff"，按住【Shift】键，效果如图10-18所示。

（3）选择"横排文字工具" ，在焦点图上方空白处输入文本（配套资源:\素材文件\第10章\文本素材5.txt），在工具属性栏中设置"简约舒适"字体为"方正兰亭中黑_GBK"，其余中文字体为"方正兰亭准黑简体"，英文字体为"方正兰亭纤黑简体"，中英文的字体颜色分别为"#486c84""#444547"，调整字体的大小与位置。选择"直线工具" ，在英文文本的左右两侧分别绘制一条填充颜色为"#444547"的直线，效果如图10-19所示。

图10-18　添加素材

图10-19　输入文本

（4）选择"矩形工具" ，将填充色设置为"#f8ca00"，在"打造有品位的家居生活，"文本图层下方绘制矩形。

（5）选择"多边形工具" <img>，在工具属性栏中设置填充颜色为"#486c84"，大小为106像素×91像素，边数为6，然后在焦点图的下方绘制一个六边形；选择"横排文字工具" <img>，在工具属性栏中设置字体为"方正兰亭纤黑简体"，字体颜色为"#ffffff"，在六边形中输入"棉麻品质"文本，链接六边形和文字所在的图层，将其向右复制4次，分别修改其中的文本为"耐用耐脏""舒适透气""弹性细腻""柔软亲肤"，如图10-20所示。

图10-20　绘制多边形并输入文本

（6）选择"直线工具" <img>，设置描边颜色为"#486c84"，描边宽度为2点，描边样式为第3种，在详情页的中间绘制一条直线。选择"横排文字工具" <img>，在直线上方输入中英文文本，设置字体为"方正兰亭准黑简体"，字体颜色为"#486c84"，调整字体的大小，打开"布料.jpg"图片（配套资源:\素材文件\第10章\布料.jpg），将其移动到标题下方，如图10-21所示。

（7）选择"横排文字工具" <img>，在图片上输入文本（配套资源:\素材文件\第10章\文本素材6.txt），设置"【严选好棉　源自自然】"文本的字体为"方正兰亭中黑_GBK"，其余文本为"方正兰亭准黑简体"，字体颜色为"#ffffff"，在第2排文本下方绘制填充颜色为"#f8ca00"的矩形，修改第2排文本的字体颜色为"#486c84"，效果如图10-22所示。

图10-21　绘制直线并添加素材　　　　　　　　　　　图10-22　输入文本

（8）选择"自定形状工具" <img>，设置形状样式为"装饰5"，设置填充颜色为"#ffffff"，在布料图片的中间位置绘制一个大小合适的形状。

（9）复制"优质选材"所在的3个图层，将其移动到布料图片下方，分别修改文字为"产品参数"和"Product parameters"。选择"矩形工具" <img>，在文字下方绘制一个大小为758像素×

240像素、填充颜色为"#e5e5e5"的矩形，如图10-23所示。

（10）选择"横排文字工具" T ，在矩形中输入产品参数介绍内容，设置字体为"方正兰亭准黑简体"，字体颜色为"#383838"；选择"直线工具" ，在文字下方绘制一条直线，设置描边颜色为"#434343"，描边宽度为1.5像素，描边样式为第3种，链接文字图层和直线图层，向下复制4个等距排列，修改文本内容，如图10-24所示。

图10-23　绘制矩形

产品参数	
Product parameters	

产品名称：小户型沙发	产品品牌：轻纺家居
沙发尺寸：77*77*45厘米	风格：现代简约
产品材料：混织细仿麻/橡胶木/机织布	定制：不可定制
包装：泡沫/纸箱/木架	产品型号：19DF456
产地：四川成都	拆洗：不可拆洗

图10-24　输入文本并绘制直线

（11）复制"产品参数"所在的3个图层，将其移动到参数内容的下方，分别修改文本为"细节展示"和"Detail display"。打开"细节1.jpg""细节2.jpg"图片（配套资源:\素材文件\第10章\细节1.jpg、细节2.jpg），将其移动到细节展示文字下方。

（12）选择"横排文字工具" T ，在"细节1.jpg"图片左侧输入文本（配套资源:\素材文件\第10章\文本素材7.txt），第1排文本的字体为"方正兰亭中黑_GBK"，其余文本字体为"方正兰亭纤黑简体"，调整文本的大小。选择"矩形工具" ，在第3、5排文本下方绘制填充颜色为"#f8ca00"的矩形，效果如图10-25所示。

（13）复制步骤12中的所有图层页面到右下角的空白处，输入文本（配套资源:\素材文件\第10章\文本素材8.txt），打开"小图标.psd"图像文件（配套资源:\素材文件\第10章\小图标.psd），将其分别拖动到页面中，调整大小和位置，如图10-26所示。

图10-25　修改文本并添加素材

图10-26　添加素材

（14）复制"细节展示"所在的3个图层，将其移动到参数内容的下方，分别修改文本为"材质解析"和"Material analysis"。打开"材质.jpg"图像文件（配套资源:\素材文件\第10章\材质.jpg），将其分别拖动到材质解析文本下方，调整大小和位置。选择"直线工具" ∕ ，在材质图像的不同位置绘制直线，设置填充颜色为"#486c84"，效果如图10-27所示。

（15）选择"椭圆工具" ◯ ，将填充色设置为"#f8ca00"，按住【Shift】键，在直线与材质图片接触的部分绘制圆形，选择"矩形工具" ▢ ，在图片中绘制填充颜色为"#f8ca00"的矩形，选择"横排文字工具" Ｔ ，在工具属性栏中设置字体为"方正兰亭准黑简体"，字体颜色为"#ffffff"，在各矩形中输入文本，如图10-28所示，完成后保存图像，查看完成后的效果（配套资源:\效果文件\第10章\沙发商品详情页.psd）。

图10-27　添加素材

图10-28　绘制装饰素材并输入文本

10.4 设计网站首页页面

慕课视频

设计网站首页页面

一般来说，品牌为了提升自己的形象，都会建立自身的独立网站，这样品牌方不但可以获得更多的新消费者，提高自身关注度，还可以利用网站及时与消费者进行沟通与交流，得到消费者的反馈信息，与消费者保持密切联系。本例将为轻纺家居旗舰店制作网站首页页面，下面将从两个方面来进行设计。

10.4.1 前期策划

本例的前期策划主要是从素材收集、色彩搭配、字体选择、页面布局4个方面来进行的，下面进行简单介绍。

1. 素材收集

本例主要设计品牌的官方网站，在商品素材的选择上需要展示出该品牌的主要商品，在辅助元素的选择上需要与页面风格相契合。本例将遵循品牌简约时尚的风格，选择了比较流行的线稿图标，主要素材展示如图10-29所示。

图10-29　素材展示

2. 色彩搭配

为了延续品牌的简约、时尚风格，本例选择了白色作为网站的背景色，以有效地突出其他颜色的表现效果；用明亮的黄色作为网站页面的主题色，鲜亮明快，与背景色形成了强烈对比，产生了鲜明、生动的视觉效果；在局部则采用了灰色和蓝色作为辅助色，既突显出了该网站页面的主题色，又可以提升网站页面的视觉吸引力。

3. 字体选择

网站页面中的字体应该是选择易于消费者阅读的字体，在标题文字的选择上，本例选择了"方正兰亭中黑_GBK"作为网站页面的主题文字，"方正兰亭刊黑简体""方正兰亭纤黑简体"作为网站页面的正文字体，通过不同的字体样式、颜色与大小，突出表现重点信息。

4. 页面布局

本例根据品牌的风格与定位将网站页面的布局按照功能划分为7个部分，分别是页头区、网站Logo区、导航区、搜索区、Banner区、其他信息展示区、页尾区，根据功能的分区来制作网站首页页面的原型图，如图10-30所示。

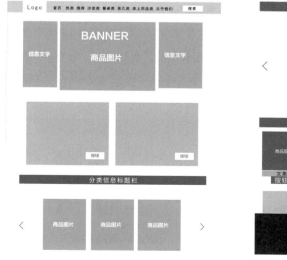

图10-30　网站首页原型图

10.4.2 网站首页页面设计

慕课视频

网站首页页面设计

本例主要是为家居网店制作沙发的商品详情页，要求体现出商品卖点、商品材质、商品参数、商品细节等信息，其具体操作如下。

（1）在Photoshop CC中新建大小为1 920像素×4 000像素、分辨率为72像素/英寸、名为"网站首页页面"的文件。

（2）创建参考线，选择"矩形工具" ▣，在页面顶部绘制大小为1 920像素×98像素、填充颜色为"#f8ca00"的矩形。打开"Logo.jpg"图片（配套资源:\素材文件\第10章\Logo.jpg），将其拖动到导航栏上，选择"横排文字工具" T，在矩形中输入导航内容，设置字体为"方正兰亭中黑_GBK"，"首页"的字体颜色为"#486c84"，其余文字的字体颜色为"#ffffff"。选择"自定形状工具" ▧，设置形状样式为"搜索"，设置填充颜色为"#486c84"，在导航内容后面绘制一个大小合适的形状，并绘制白色矩形作为底纹，如图10-31所示。

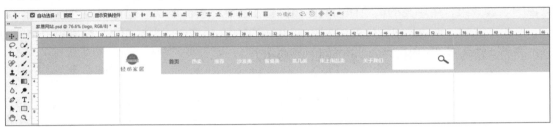

图10-31 设置参考线并添加素材

（3）打开"网站沙发.jpg"图片（配套资源:\素材文件\第10章\网站沙发.jpg），将其拖动到导航栏下方。选择"横排文字工具" T，在沙发图片中输入文本（配套资源:\素材文件\第10章\文本素材9.txt），设置"经典款小沙发""舒适·简约·高颜值"文本的字体为"方正兰亭中黑_GBK"，其余文本的字体为"方正兰亭纤黑简体"，字体颜色为"#414140"，修改"小沙发""简约"文字的字体颜色为"#486c84"，调整字体的大小与位置，如图10-32所示。

（4）选择"矩形工具" ▣，在"新客户再享免费送货上门"文本下方绘制填充颜色为"#f8ca00"的矩形，在"立即查看"文本下方绘制描边颜色为"#000000"的矩形。选择"椭圆工具" ⬤，在"颜色："文本后面绘制填充颜色分别为"#f8ca00""#638c0b""#486c84"的圆形，在"经典款小沙发"文字下方绘制装饰直线，如图10-33所示。

图10-32 添加素材并输入文本

图10-33 绘制矩形并绘制装饰素材

（5）选择"矩形工具" ▣，在页面下方绘制两个填充颜色分别为"#f0f1f3""#bbdcee"

的矩形，打开"图片1.png""图片2.png"图片（配套资源:\素材文件\第10章\图片1.png、图片2.png），将其移动到矩形中，选择"横排文字工具" T，在工具属性栏中设置字体为"方正兰亭刊黑简体"，字体颜色为"#525658"，在沙发图片中输入图10-34所示的文本。

（6）修改"简约灯具""现代沙发"文本的字体为"方正兰亭中黑_GBK"。选择"圆角矩形工具" ，将填充色设置为"#f8ca00"，在矩形中绘制圆角矩形，并在其中输入"立即购买"文本，并设置字体颜色为"#486c84"，链接该文字图层与圆角矩形图层，将其复制到"现代沙发"的右下角，如图10-35所示。

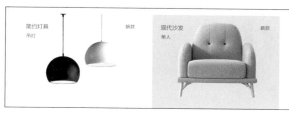

图10-34　添加素材并输入文本　　　　　　　图10-35　绘制圆角矩形

（7）选择"横排文字工具" T，输入"新品系列"文本，设置文本字体为"方正兰亭刊黑简体"，字体颜色为"#333333"，在文字左右两端分别绘制一条直线。打开"新品1.jpg"~"新品3.jpg"图片（配套资源:\素材文件\第10章\新品1.jpg、新品2.jpg、新品3.jpg），将其移动到"新品系列"文本下方，选择"横排文字工具" T，设置字体为"方正兰亭刊黑简体"，字体颜色为"#333333"，在新品图片中输入图10-36所示的文本。

（8）复制"立即购买"链接图层，将其分别移动到新品图片的下方，选择"直线工具" ，设置填充颜色为"#333333"，在新品图片左右两侧绘制装饰线条，如图10-37所示。

图10-36　添加素材　　　　　　　　　图10-37　修改文字并绘制装饰素材

（9）复制"新品系列"部分的两个图层，将其移动到新品图片的下方，修改文本为"卧室系列"。选择"矩形工具"，在"卧室系列"文本下方绘制一个1 200像素×548像素的矩形，然后打开"卧室.jpg"图片（配套资源:\素材文件\第10章\卧室.jpg），将其移动到矩形中并通过剪贴蒙版将其剪裁到下方的矩形中。选择"矩形工具" ，在卧室图片中绘制填充颜色为"#ffffff"的矩形，选择"横排文字工具" T，并在其中输入文本（配套资源:\素材文件\第10章\文本素材10.txt），在工具属性栏中设置"原木床具是幸福的味道"字体为"方正兰亭中黑_GBK"，字体颜色为"#333333"，其余中文字体为"方正兰亭刊黑简体"，字体颜色为

"#666666"，效果如图10-38所示。

（10）选择"矩形工具" ▣，在卧室图片的左下角和右下角分别绘制填充颜色为"#f8ca00"的矩形，并在矩形中绘制装饰线条。选择"横排文字工具" T，在卧室图片下方输入"清新百搭、轻纺原木床具"文本，并将"立即购买"的链接图层复制到该文本下方，如图10-39所示。

图10-38　输入文本　　　　　　　　　　　　图10-39　绘制矩形并输入文本

（11）复制"新品系列"部分的两个图层，将"新品系列"文本修改为"沙发系列"，修改其中的新品图片为沙发图片（配套资源:\素材文件\第10章\沙发系列1.jpg、沙发系列2.jpg、沙发系列3.jpg），修改其余的文本（配套资源:\素材文件\第10章\文本素材11.txt），如图10-40所示。

（12）复制"沙发系列"部分的两个图层，将其移动到沙发图片的下方，修改文本为"今日特惠"，打开"特惠.psd"图片（配套资源:\素材文件\第10章\特惠.psd），将其分别移动到"今日特惠"文本下方。选择"横排文字工具" T，在特惠图片下方输入文本（配套资源:\素材文件\第10章\文本素材12.txt），复制"立即购买"链接图层，将其分别移动到特惠图片的下方，如图10-41所示。

图10-40　修改文字与素材　　　　　　　　　图10-41　修改素材与文字

（13）打开"服务.psd"图片（配套资源:\素材文件\第10章\服务.psd），将其分别移动到特惠图片下方，选择"横排文字工具" T，在工具属性栏中设置字体为"方正兰亭中黑_GBK"，字体颜色为"#666666"，在服务图片下方输入文本（配套资源:\素材文件\第10章\文本素材13.txt），如图10-42所示。

（14）选择"矩形工具" ▣，在页面最下方绘制一个填充颜色为"#2d2d2d"的矩形，选择"横排文字工具" T，在工具属性栏中设置字体为"方正兰亭刊黑简体"，字体颜色为

"#ffffff"，在矩形内输入文本（配套资源:\素材文件\第10章\文本素材14.txt），如图10-43所示，清除参考线后保存图像，查看完成后的效果（配套资源:\效果文件\第10章\网站首页页面.psd）。

图10-42　添加素材并输入文本

图10-43　绘制矩形并输入文本

10.5　设计品牌活动宣传页面

慕课视频

设计品牌活动宣传页面

设计人员在设计完移动端网店首页、商品详情页、网站首页页面后，还可通过其他渠道对品牌活动进行宣传，如微信公众号、H5、网页活动广告。下面将先对这3个渠道进行策划与分析，再进行具体的页面视觉设计。

10.5.1　前期策划

与前面的设计一样，其他的品牌活动宣传页面也需要按照品牌的风格来进行策划与设计，下面将从微信公众号页面、H5活动页面、网页活动广告页面这3个方面来策划品牌活动宣传页面。

1. 微信公众号页面策划

微信公众号既是品牌对外宣传的良好窗口，也是品牌与消费者及时沟通和交流的实用工具，通过微信公众号来宣传品牌活动是一个非常好的途径，下面从4个方面来策划微信公众号页面。

- 公众号封面图。公众号的封面图是消费者了解品牌活动的一个重要窗口，因此设计人员在进行封面图的视觉设计时应该在符合品牌风格、彰显品牌形象的基础上，自然地展示出品牌活动。

- 公众号横幅Banner图。横幅Banner图是公众号文章的门面，设计人员要想通过微信公众号宣传活动，其Banner图的视觉设计必不可少，要通过视觉设计体现出活动的主题。

- 公众号广告图。公众号的广告图是品牌活动宣传的重点部分，因此设计人员在制作时需要让该页面与品牌形象整体上保持一致，以简约、时尚为主，排版上要有设计感与个性，色彩搭配与品牌色一致，字体选择上以方正兰亭系列为主。

- 公众号推荐关注图。推荐关注图可以让消费者直接查看到以前的公众号文章，同时也可以看到其他的活动广告，能够起到引流的作用。

2. H5活动页面策划

利用H5进行品牌的活动宣传，不仅可以全面地传达出品牌调性、推广品牌活动，还能够与消费者更好地互动，增强其对品牌的认知。利用H5制作工具可以快速制作出符合消费者需求的H5作品，本例将选择一个符合品牌调性的H5模板，然后在此基础上进行适当的修改，最终达到宣传品牌活动的效果。

3. 网页活动广告页面策划

互联网时代中，网页活动广告的覆盖面非常广泛，设计人员可以通过网页活动广告来宣传品牌与活动，让更多的消费者了解到该品牌与活动，从而促进商品销售、提升品牌知名度。综合网店的风格和前面所学的相关字体知识，本例主要以"方正兰亭中黑_GBK""方正兰亭准黑简体""方正兰亭纤黑简体"这3种字体为主要字体，在具体使用过程中主要根据文字的信息层级来选择字体和字体大小，另外，在风格与色彩的选择上与品牌一致。

10.5.2 微信公众号页面视觉设计

慕课视频

微信公众号页面视觉设计

本例主要为轻纺家居品牌进行微信公众号页面的视觉设计，其中主要包括公众号封面图、公众号横幅Banner图、公众号广告图、公众号推荐关注图4个部分，其具体操作如下。

（1）制作公众号封面图。在Photoshop CC中新建大小为900像素×383像素、分辨率为72像素/英寸、名为"公众号封面图"的文件。

（2）复制图层，将复制的图层填充为"#f8ca00"，选择"矩形工具" ，在图像中绘制填充颜色为"#ffffff"的矩形，并为其添加阴影效果，如图10-44所示。

（3）选择"椭圆工具" ，将填充色设置为"#bc9b08"，按住【Shift】键，在矩形上方绘制两个大小一致的圆形，选择"圆角矩形工具" ，将填充色设置为"#ffffff"，绘制半径为5像素的圆角矩形，效果如图10-45所示。

图10-44　绘制矩形并添加阴影

图10-45　绘制圆形与圆角矩形

（4）选择"矩形工具" ，在图像中绘制填充颜色为"#656363"、描边颜色为"#0089ba"、描边宽度为3像素的矩形，添加"公众号封面.jpg"图片（配套资源:\素材文件\第10章\公众号封面.jpg），通过剪贴蒙版将其裁剪到下方的矩形中，选择"椭圆工具" ，将填充色设置为"#0089ba"，按住【Shift】键，在矩形左上角绘制一个圆形，并为其添加阴影效果，如图10-46所示。

（5）选择"横排文字工具" ，在图片左侧输入文本（配套资源:\素材文件\第10章\文本素材15.txt），设置第1排和第3排文本的字体为"方正兰亭纤黑简体"，其余文本的字体为"方正兰亭中黑_GBK"，字体颜色为"#0089ba"。修改"NEW"文本的字体颜色为"#ffffff"，修改"2020"文本的字体颜色为"#f8ca00"，调整字体的大小与位置。选择"圆角矩形工具" ，在工具属性栏中取消填充颜色，设置描边宽度为1像素，描边样式为第2种，在第3排文字下方绘制半径为5像素的圆角矩形，完成后保存图像，查看完成后的效果（配套资源:\效果文件\第10章\公众号封面图.psd），效果如图10-47所示。

图10-46　绘制圆形并添加阴影

图10-47　输入文本

（6）制作公众号横幅Banner图。在Photoshop CC中新建大小为1 080像素×280像素、分辨率为72像素/英寸、名为"公众号横幅Banner图"的文件。

（7）打开"Banner.psd"图像文件（配套资源:\素材文件\第10章\Banner.psd），将其拖动到页面中，调整大小和位置，如图10-48所示。

（8）选择"横排文字工具" T，在工具属性栏中设置字体为"方正清刻本悦宋简体"，字体颜色为"#0089ba"，在图片中间输入文本（配套资源:\素材文件\第10章\文本素材16.txt），修改"生活馆"文本的字体为"方正兰亭中黑_GBK"，第3排文本的字体为"方正兰亭刊黑简体"，修改英文文字的字体颜色为"#f8ca00"，调整字体的大小与位置，如图10-49所示。

图10-48　添加素材

图10-49　输入文本

（9）选择"椭圆工具" ，将填充色设置为"#f8ca00"，按住【Shift】键，在"品牌家居节"文字左侧绘制装饰圆形。选择"多边形工具" ，在工具属性栏中设置填充颜色为"#0089ba"，边数为3，在第3排文字下方绘制一个三角形。选择"圆角矩形工具" ，在"生活馆"文字下方绘制填充颜色为"#f8ca00"的圆角矩形，效果如图10-50所示。

（10）选择"圆角矩形工具" ，在工具属性栏中取消填充颜色，设置描边颜色为"#f8ca00"，描边宽度为1像素，描边样式为第2种，在第3排文字下方绘制半径为5像素的圆角矩形，完成后保存图像，查看完成后的效果（配套资源:\效果文件\第10章\公众号横幅Banner图.psd），效果如图10-51所示。

图10-50　绘制装饰形状

图10-51　绘制圆角矩形

（11）制作公众号广告图。在Photoshop CC中新建大小为1 280像素×1 920像素、分辨率为72像素/英寸、名为"公众号广告图"的文件。

（12）打开"广告.psd"图像文件（配套资源:\素材文件\第10章\广告.psd），将其中的背景与Logo素材分别拖动图像中，调整大小和位置。选择"矩形工具"，在图像中绘制填充颜色为"#ffffff"的矩形，将不透明度设置为"80%"，按【Ctrl+J】组合键复制矩形图层，选择复制的矩形图层，在工具属性栏中取消填充，设置描边颜色为"#ffffff"，描边宽度为3像素，并将矩形放大。选择"横排文字工具"，在矩形中输入图10-52所示的文本，设置第1排和第7排的文本字体为"方正兰亭纤黑简体"，第2排、第4排和第5排的文本字体为"方正兰亭中黑_GBK"，字体颜色为"#0089ba"，第3排和第6排的文本字体为"方正兰亭准黑简体"，字体颜色为"f8ca00"。

（13）选择"矩形工具"，在第2排文本下方绘制一个描边颜色为"#0089ba"、描边宽度为3像素、无填充颜色的矩形，继续在第2排文本下方绘制一个填充颜色为"#0089ba"、无描边的矩形，并在其中输入"现代简约绿色家居"白色文本，选择第2个矩形图层，按住【Alt】键向下复制一个矩形到第5排文本下方，调整大小与位置，效果如图10-53所示。

（14）打开"二维码.png"图像文件（配套资源:\素材文件\第10章\二维码.png），将其中的素材拖动图像中，调整大小和位置，完成后保存图像，查看完成后的效果（配套资源:\效果文件\第10章\公众号广告图.psd），效果如图10-54所示。

图10-52　输入文本　　　　　图10-53　绘制矩形　　　　　图10-54　添加素材

（15）制作公众号推荐关注图。在Photoshop CC中新建大小为900像素×1 280像素、分辨率为72像素/英寸、名为"公众号推荐图"的文件。选择"矩形工具" ▢ ，在页面上方绘制填充颜色为"#f8ca00"的矩形，选择"横排文字工具" T ，在工具属性栏中设置字体为"方正兰亭中黑_GBK"，字体颜色为"#0089ba"，输入"轻纺家居美物"文本，继续设置字体为"方正兰亭准黑简体"，字体颜色为"#ffffff"，输入"#往期好物精选#"文本，如图10-55所示。

（16）选择"多边形工具" ⬡ ，在工具属性栏中设置填充颜色为"#0089ba"，边数为3，在矩形的下方绘制一个三角形，如图10-56所示。

图10-55　绘制矩形并输入文本　　　　　　　图10-56　绘制装饰形状

（17）选择"矩形工具" ▢ ，在三角形下方绘制3个矩形，设置填充颜色为"#f8ca00"，用于裁剪图片。打开"美物1.jpg、美物2.jpg、美物3.jpg"图片（配套资源:\素材文件\第10章\美物1.jpg、美物2.jpg、美物3.jpg），通过剪贴蒙版将其分别裁剪到下方的矩形中，如图10-57所示。

（18）选择"圆角矩形工具" ▢ ，在工具属性栏中设置填充颜色为"#f8ca00"，在3张美物图片下方绘制圆角矩形。选择"横排文字工具" T ，在工具属性栏中设置字体为"方正兰亭准黑简体"，字体颜色为"#0089ba"，分别在圆角矩形中输入"点击查看"文本，如图10-58所示。

图10-57　绘制矩形并添加素材　　　　　　　图10-58　绘制圆角矩形并输入文本

（19）选择"矩形工具" ▢ ，在第1张美物图片中间绘制一个白色矩形，选择"直线工具" ╱ ，在白色矩形上方绘制一条填充颜色为"#0089ba"、粗细为3像素的直线。选择"椭圆工具" ◯ ，将填充色设置为"#0089ba"，按住【Shift】键，在直线下方绘制小圆点，链接白色矩形、直线和椭圆图层，将其向右复制2次，效果如图10-59所示。

（20）选择"直排文字工具" IT ，在工具属性栏中设置字体为"方正兰亭准黑简体"，字体颜色为"#0089ba"，分别在白色矩形中输入文本（配套资源:\素材文件\第10章\文本素材17.txt），效果如图10-60所示。

图10-59　绘制并复制装饰元素

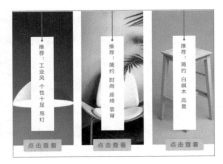

图10-60　输入文本

（21）打开"推荐.psd"图像文件（配套资源:\素材文件\第10章\推荐.psd），将其中的素材拖动到图像中，调整大小和位置，如图10-61所示。

（22）选择"横排文字工具"[T]，在工具属性栏中设置字体为"方正兰亭中黑_GBK"，字体颜色为"#0089ba"，在页面右下角输入图10-62所示的文本，完成后保存图像，查看完成后的效果（配套资源:\效果文件\第10章\公众号推荐图.psd）。

图10-61　添加素材

图10-62　输入文本

10.5.3 H5活动页面视觉设计

慕课视频

本例将主要运用MAKA工具的模块进行H5活动页面的视觉设计，在制作时主要是进行图片的替换与文字的修改操作，其具体操作如下。

H5活动页面视觉设计

（1）登录MAKA官方网站，进入MAKA首页页面，在左侧列表中单击"玩转H5"超链接即可查看不同场景和行业的H5模板，在上方搜索框中输入"家居"，如图10-63所示。

（2）在打开的页面中选择一个合适的家居模板，进入该模板的详情页后，单击右侧的　　　　按钮，如图10-64所示。

图10-63　查看模板　　　　　　　　　　图10-64　选择模板

（3）查看应用模板后的效果，在界面下方可选择相应的H5页面模板，单击页面中的图片和文字模块即可在界面左侧和右侧列表中进行相应的修改。选择沙发页面，在界面右侧列表中单击 ⬛替换图片 按钮，在界面左侧列表中单击 ⬛本地上传图片 按钮，如图10-65所示。

（4）打开"打开"窗口，在其中选择"沙发.png"图片（配套资源:\素材文件\第10章\MAKA素材\沙发.png），单击 打开(O)▾ 按钮，即可上传素材。回到图像编辑区，在界面中单击需要替换的图片，在左侧上传素材列表中单击替换的新图片，完成图片的替换，如图10-66所示。

图10-65　上传图片素材　　　　　图10-66　更换素材

（5）选择英文文本页面，按【Delete】键删除，选择"北欧极简"文本页面，双击该页面将文本修改为"轻纺家居"，使用同样的方法修改第1排和第3排文本内容。在左侧列表中选择"文本"选项，在打开的选项框中单击"添加副标题"超链接，在图像编辑区中输入"专注绿色家居生活"文本，并修改文字大小，如图10-67所示。

（6）在界面下方选择第2个页面模板，使用前面的方法修改其中的文本内容（配套资源:\素材文件\第10章\文本素材18.txt），选择并替换页面下方的图片（配套资源:\素材文件\第10章\MAKA素材\沙发1.jpg），如图10-68所示。

图10-67　修改文本　　　　　图10-68　修改文本并替换图片

（7）在界面下方选择第3个页面模板，选择第1排文本，双击该页面将文本修改为"HOME TRENDY"，双击第2排文本并将其修改为新的文本内容（配套资源:\素材文件\第10章\文本素材19.txt），选择并替换页面下方的图片（配套资源:\素材文件\第10章\MAKA素材\沙发2.jpg），如图10-69所示。

（8）在界面下方选择第4个页面模板，选择下方的"删除该页面"命令，在打开的提示框

互联网视觉设计（全彩慕课版）

中单击 删除 按钮，即可删除整张页面模板，如图10-70所示。

图10-69　添加素材

图10-70　删除页面

（9）在界面下方选择删除后的第4个页面模板，删除其中的英文文本，修改其中的价格文本为"¥300"，并调整中文文本的位置，如图10-71所示。

（10）在界面下方选择第5个页面模板，删除其中的英文图片，在左侧列表中选择"文本"选项，在打开的选项框中单击"添加正文内容"超链接，在图像编辑区中输入文本为"欢迎进店咨询选购"，并修改文本大小，如图10-72所示。

图10-71　修改文本

图10-72　删除图片并修改文本

（11）在界面下方选择第6个页面模板，选择下方的"删除该页面"命令，在打开的提示框中单击"删除"按钮，即可删除整个页面模板，如图10-73所示。

（12）在界面下方选择删除后的第6个页面模板，在左侧列表中选择"互动"选项，选择拨号组件中的第5个选项，在界面右侧电话设置列表中设置电话为"028-357850988"，如图10-74所示，按【Ctrl+S】组合键保存文件，完成本例的制作（配套资源:\效果文件\第10章\MAKA家居.tif）。

图10-73　删除页面

图10-74　添加"电话"组件

204

10.5.4 网页活动广告页面视觉设计

慕课视频

网页活动广告页面
视觉设计

本例主要是为品牌制作网页的活动广告页面，将该页面在其他网站页面进行投放，可以获得更高的关注度与点击量。其具体操作如下。

（1）在Photoshop CC中新建大小为1 920像素×900像素、分辨率为72像素/英寸、名为"购物节活动广告"的文件。

（2）打开"活动.psd"图像文件（配套资源:\素材文件\第10章\活动.psd），将其中的背景和装饰素材拖动到图像中，调整大小和位置，效果如图10-75所示。

（3）选择"矩形工具"，在图像中绘制描边颜色为"#0089ba"、描边宽度为10像素、无填充颜色的矩形，如图10-76所示。

图10-75　添加素材　　　　　　　　　　图10-76　绘制矩形

（4）在"图层"面板中选择矩形图层，单击鼠标右键，在弹出的快捷菜单中选择"栅格化图层"命令，选择"橡皮擦工具"，在工具属性栏中设置橡皮擦的不透明度为"100%"，流量为"100%"，在矩形图片上进行涂抹，去掉多余的部分，如图10-77所示。

（5）选择"横排文字工具"，在矩形中输入中英文文本（配套资源:\素材文件\第10章\文本素材20.txt），设置"精品家居生活"文本的字体为"方正兰亭刊黑简体"，"购物节"文本字体为"方正兰亭中黑_GBK"，英文文本的字体为"方正兰亭纤黑简体"，字体颜色统一为"#0089ba"，如图10-78所示。

图10-77　擦除多余矩形框　　　　　　　图10-78　输入文本

（6）选择"矩形工具"，在"精品家居生活"文本上方绘制填充颜色为"#f8ca00"、无描边的矩形，选择"圆角矩形工具"，将填充色设置为"#f8ca00"，半径为"20像素"，在沙发素材右侧绘制圆角矩形，如图10-79所示。

（7）选择"横排文字工具"，在工具属性栏中设置字体为"方正兰亭准黑简体"，字体颜色为"#ffffff"，在矩形中输入"轻纺家居"文本，在圆角矩形中输入"MORE"文本，完成后保存图像，查看完成后的效果（配套资源:\效果文件\第10章\购物节活动广告.psd），如图10-80所示。

图10-79　绘制圆角矩形

图10-80　输入文本并添加素材

10.6　拍摄与处理家居短视频

慕课视频

拍摄与处理家居短视频

本例主要是为"轻纺家居旗舰店"拍摄和处理一个家居类的短视频，要求视频主题必须要鲜明，在塑造自身品牌形象的同时，推广品牌的家居商品。下面先做好前期策划，再拍摄和处理短视频。

10.6.1　前期策划

本例的前期策划主要是从拍摄家居短视频出发，下面将从准备拍摄器材、布置拍摄环境、准备拍摄脚本3个方面进行简单介绍。

1. 准备拍摄器材

本例视频拍摄所要用到的器材主要是手机，简单、快捷、方便，大多数设计人员都能够轻松上手，另外，还准备了手机稳拍器和手机支架，目的是保证画面稳定，让短视频作品的质量更高。

2. 布置拍摄环境

本例主要是拍摄家居短视频，拍摄地点是室内，且室内的风格要与品牌一致，突出品牌的简约、现代、时尚，在布置拍摄环境时，还要将"轻纺家居旗舰店"中的商品放入具体的家居环境中，让消费者看到该品牌的商品在真实环境中的样子，有一种身临其境的感觉，同时，也会对该品牌有更深的印象。

3. 准备拍摄脚本

为了延续品牌简约、时尚的风格，本例选择了白色作为网站的背景色，能够有效地突出其他颜色的表现效果；用明亮的黄色作为网站页面的主题色，鲜亮明快，与背景色形成了强烈对比，产生了鲜明、生动的视觉效果；在局部则采用了灰色和蓝色作为辅助色。

10.6.2 家居短视频的拍摄

本例的拍摄主题是室内的家居展示，设计人员在拍摄过程中要注意运镜手法、构图及景别的运用，尽量以消费者的角度进行拍摄，其具体操作如下。

（1）设计人员手持稳定器，从布置的房间门口匀速地走进房间，突出房间内的装饰，让消费者的注意力集中在房间场景中，如图10-81所示。

（2）切换场景，设计人员直面书桌，从书桌下方向书桌上方慢慢移动镜头，展示书桌上的各种家居小物件，如图10-82所示。

图10-81　拍摄走进房间过程

图10-82　拍摄书桌

（3）切换场景，设计人员手持稳定器，在书桌下方降低重心，以仰视构图的方式拍摄书桌，并以书桌为中心，进行环绕拍摄，如图10-83所示。

（4）切换场景，设计人员站在床垫的对面，拍摄床垫的正面效果，展示出床头墙上的装饰物，如图10-84所示。

图10-83　仰视拍摄书桌

图10-84　拍摄床垫

（5）切换场景，设计人员站在床垫右下角手持稳定器，与床垫的左上角呈对角线，运用拉远镜头，慢慢远离床垫，如图10-85所示。

（6）继续拍摄上一个镜头，设计人员站在床垫右下角，展示床垫在整个空间中的布局，如图10-86所示。

图10-85　拍摄床垫不同角度　　　　　　　图10-86　拍摄整个空间布局

（7）切换场景，设计人员手持稳定器，站在床垫正面，从右到左移动镜头，近距离拍摄床垫的床头位置，如图10-87所示。

（8）切换场景，设计人员手持稳定器，稳定重心，在窗台的茶几下方采用仰视的构图方法，运用拉远镜头，慢慢远离茶几与沙发，注意保持稳定，如图10-88所示。

图10-87　拍摄床头　　　　　　　　　　图10-88　拍摄茶几与沙发

（9）设计人员手持稳定器，以茶几上的装饰物为前景，运用拉远镜头，慢慢远离茶几，如图10-89所示。

（10）最后，设计人员手持稳定器，站在室内窗口边，从右到左移动镜头，并以透视构图的方式拍摄房间家居布局样式，如图10-90所示，完成后在手机上保存文件，完成操作（配套资源:\效果文件\第10章\家居短视频.mp4）。

图10-89　拍摄沙发　　　　　　　　　　图10-90　换角度拍摄房间布局

10.6.3　家居短视频的后期处理

本例将对上述家居短视频进行后期处理，其具体操作如下。

（1）打开"小影"App，进入软件的主界面，单击"视频剪辑"按钮，跳转到选择视频素材页面，在其中选择视频"家居短视频.mp4"素材（配套资源:\效果文件\第10章\家居短视频.mp4），单击下方的 下一步 按钮，如图10-91所示。

（2）在"文字&特效"页面中单击"贴纸"按钮，在添加贴纸的页面中选择"文字贴纸"选项，选择"生活小记"贴纸，调整贴纸的位置，单击下方的 按钮，如图10-92所示。

（3）回到视频编辑区，将文字贴纸的时间轴拖动到00:03.5处，单击"特效"按钮，选择梦幻特效中的第4个特效，单击下方的 按钮，如图10-93所示。

图10-91　选择视频　　　　　图10-92　选择贴纸　　　　　图10-93　选择特效

（4）回到视频编辑区，将特效的时间轴拖动到视频最后。选择"镜头剪辑"选项，将依次在视频的00:03.5、00:13.8、00:24.5、00:34.7处单击"分割"按钮，剪辑视频，如图10-94所示。

（5）选择第1段视频，在下方页面中选择"转场"选项，选择"经典"转场样式中的"交叉淡化"选项，单击下方的 按钮，如图10-95所示。

（6）使用同样的方法为第2~4段视频分别添加"百叶窗"转场样式中的"木板"转场样式，单击下方的 按钮，如图10-96所示。

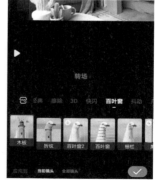

图10-94　剪辑视频　　　　　图10-95　选择转场　　　　　图10-96　选择转场样式

（7）回到视频编辑区，将视频播放到00:04.0时在"文字&特效"页面中单击"字幕"按钮，选择"热门样式"下"朋友圈"选项中的第5种字幕样式，并在其中输入文本"简约靠背椅"，调整字幕的位置与大小，单击下方的 按钮。回到视频编辑区，将字幕的时间轴拖动到

00:05.1处，继续使用相同的方法在时间00:06.5处添加字幕"简约装饰物"，并将字幕的时间轴拖动到00:08.2处；在时间00:9.5处添加字幕"现代书桌"，将字幕的时间轴拖动到00:11.5处；在时间00:12.5处添加字幕"精品床垫"，将字幕的时间轴拖动到00:13.8处；在时间00:14.7处添加字幕"枕头套装"，将字幕的时间轴拖动到00:19.0处；在时间00:28.6处添加字幕"精品茶几"，效果如图10-97所示。

图10-97　添加字幕

（8）回到视频编辑区，在页面中选择"滤镜"选项，在其中选择"调色滤镜"选项，选择"富士1"滤镜样式，选择"全部镜头"选项，单击下方的 按钮，如图10-98所示。

（9）回到视频编辑区，选择"音乐"选项，单击下方的 +添加音乐 按钮，并关闭原声，在打开的页面中选择一个合适的音乐，单击 使用 按钮，如图10-99所示。

（10）回到视频编辑区，在该页面上方单击 保存 按钮，在"选择一个导出尺寸"对话框中选择"普通480P"选项，等待视频导出结束，完成操作（配套资源:\效果文件\第10章\后期处理家居短视频.mp4），如图10-100所示。

图10-98　选择滤镜　　　　　图10-99　选择音乐　　　　　图10-100　导出视频